Technologie der III/V-Halbleiter

Springer

*Berlin
Heidelberg
New York
Barcelona
Budapest
Hongkong
London
Mailand
Paris
Santa Clara
Singapur
Tokio*

Werner Prost

Technologie der III/V-Halbleiter

III/V-Heterostrukturen
und elektronische Höchstfrequenz-Bauelemente

Mit 141 Abbildungen

 Springer

Werner Prost
Gerhard-Mercator-Universität
Fachbereich Elektrotechnik
Kommandantenstr. 60
47057 Duisberg

ISBN 3-540-62804-5 Springer-Verlag Berlin Heidelberg New York

Die Deutsche Bibliothek – Cip-Einheitsaufnahme
Prost, Werner:
Technologie der III/IV-Halbleiter: III/IV-Heterostrukturen und
elektronische Höchstfrequenz-Bauelemente / Werner Prost. - Berlin;
Heidelberg; New York; Barcelona; Budapest; Hongkong; London;
Mailand; Paris; Santa Clara; Singapur; Tokio: Springer, 1997
ISBN 3-540-62804-5

Dieses Werk ist urheberrechtlich geschützt. Die dadurch begründeten Rechte, insbesondere die der Übersetzung, des Nachdrucks, des Vortrags, der Entnahme von Abbildungen und Tabellen, der Funksendung, der Mikroverfilmung oder Vervielfältigung auf anderen Wegen und der Speicherung in Datenverarbeitungsanlagen, bleiben, auch bei nur auszugsweiser Verwertung, vorbehalten. Eine Vervielfältigung dieses Werkes oder von Teilen dieses Werkes ist auch im Einzelfall nur in den Grenzen der gesetzlichen Bestimmungen des Urheberrechtsgesetzes der Bundesrepublik Deutschland vom 9. September 1965 in der jeweils geltenden Fassung zulässig. Sie ist grundsätzlich vergütungspflichtig. Zuwiderhandlungen unterliegen den Strafbestimmungen des Urheberrechtsgesetzes.

© Springer-Verlag Berlin Heidelberg 1997
Printed in Germany

Die Wiedergabe von Gebrauchsnamen, Handelsnamen, Warenbezeichnungen usw. in diesem Buch berechtigt auch ohne besondere Kennzeichnung nicht zu der Annahme, daß solche Namen im Sinne der Warenzeichen- und Markenschutz-Gesetzgebung als frei zu betrachten wären und daher von jedermann benutzt werden dürften.

Sollte in diesem Werk direkt oder indirekt auf Gesetze, Vorschriften oder Richtlinien (z.B. DIN, VDI, VDE) Bezug genommen oder aus ihnen zitiert worden sein, so kann der Verlag keine Gewähr für die Richtigkeit, Vollständigkeit oder Aktualität übernehmen. Es empfiehlt sich, gegebenenfalls für die eigenen Arbeiten die vollständigen Vorschriften oder Richtlinien in der jeweils gültigen Fassung hinzuzuziehen.

Umschlaggestaltung: Struve & Partner, Heidelberg
Satz: Reproduktionsfertige Vorlage des Autors
Herstellung: ProduServ GmbH Verlagsservice, Berlin
SPIN: 10575316   62/3020 - 5 4 3 2 1 0 - Gedruckt auf säurefreiem Papier

Zu diesem Buch

Das vorliegende Buch ist der Technologie der Verbindungshalbleiter aus der III. und V. Hauptgruppe des Periodensystems der Elemente gewidmet. Es bezieht die sachliche Basis aus den Technologiebeiträgen des Sonderforschungsbereich SFB 254 „Höchstfrequenz- und Höchstgeschwindigkeitsschaltungen aus III/V-Halbleitern". Das Manuskript ist aus einem Lehrauftrag für der Gerhard-Mercator-Universität -GH- Duisburg entstanden. Es wendet sich an interessierte Studenten mit Bezug zur Halbleitertechnologie in Elektrotechnik, Physik, und Chemie. Es soll den Einstieg in die Technologie der III/V-Halbleiter erleichtern und eine Fülle von Gebieten in kurzer Darstellung unter Angabe weiterführender Literatur umreißen. Dem erfahrenen Technologen mag es als knapp gefaßtes Nachschlagewerk dienen. Schwerpunkt des Teil 1 ist die Herstellung und Charakterisierung von Halbleiterheterostrukturen mit modernen Epitaxieverfahren. Im Teil 2 werden die Technologien behandelt, die Bauelemente für höchste Betriebsfrequenzen ermöglichen.

Danksagung

Das vorliegende Buch beruht auf der Forschungsarbeit der Leiter des Fachgebietes Halbleitertechnik/Halbleitertechnologie, Prof. Dr. Klaus Heime (bis 1989) und Prof. Dr. F.-J. Tegude. Ihrer Arbeit gebührt besondere Anerkennung. Ausgefüllt wurde dieser Rahmen von wissenschaftlichen Arbeiten meiner Kolleginnen und Kollegen, deren Beiträge vielfältig eingebunden wurden. Für besondere Unterstützung bei der Erstellung des Manuskriptes bin ich zu Dank verpflichtet: Frau Dr. Q. Liu für die Beiträge zu Kap. 4; Herrn Dr. C. Heedt für die Übungsaufgaben; Dipl. Phys. U. Auer für die kritische Durchsicht des Manuskriptes; Frau K. Schmidt für die sorgfältige und unermüdliche Gestaltung der Druckvorlage. Besonderer Dank gebührt der Geduld und Unterstützung meiner Frau Gisela für die „freien Sonntage" in der Aufbauphase des Vorlesungsmanuskriptes.

Duisburg, im Mai 1997

Werner Prost

Inhaltsverzeichnis

Teil 1: Herstellung von III/V- Halbleiter-Heterostrukturen

0   Einleitung 1

1   Halbleiter-Materialsysteme 3

1.1   Definition des „Halbleiters" 3
1.2   Kristallstruktur der Verbindungshalbleiter 5
1.3   Halbleiterschichtsysteme 8
      1.3.1   Gitterangepaßte Halbleiter-Schichtsysteme 8
      1.3.2   Gitterfehlangepaßte Halbleiter-Schichtsysteme 14
1.4   Literatur 17

2   Halbleiterkristallzucht (GaAs) 19

2.1   Ausgangsstoffe 19
2.2   Kristallzuchtverfahren 19
      2.2.1   Kristallisation im Quarztiegel (Bridgman-Verfahren) 20
      2.2.2   Schutzschmelze-Verfahren (LEC) 21
2.3   Herstellung der Wafer 23
2.4   Literatur 23

3   Herstellung aktiver Bauelementschichten 25

3.1   Dotierverfahren 25
      3.1.1   Diffusion 26
      3.1.2   Ionenimplantation 30
3.2   Epitaxie 32
      3.2.1   Flüssigphasenepitaxie (LPE) 34
      3.2.2   Molekularstrahlepitaxie (MBE) 35
            3.2.2.1 Grundzüge des MBE-Wachstumsprozesses 35
            3.2.2.2 Methodische Anwendungsbeispiele 42
            3.2.2.3 Apparativer Aufbau der MBE-Anlage 47
      3.2.3   Metallorganische Gasphasenepitaxie (MOVPE) 52
            3.2.3.1 Grundzüge des MOVPE-Wachstumsprozesses 52
            3.2.3.2 Epitaxieparameter des MOVPE-Prozesses 54
            3.2.3.3 Aufbau der Anlage 58
      3.2.4   Epitaxie mit gasförmigen Quellen im UHV 63
3.3   Literatur 66

4 Material-Charakterisierung von Halbleiter-Heterostrukturen 69

4.1 Photolumineszenz 69
- 4.1.1 Theoretische Grundlagen 69
- 4.1.2 Meßaufbau 72
- 4.1.3 Anwendungsbeispiele 73
    - 4.1.3.1 Undotiertes GaAs 73
    - 4.1.3.2 Undotiertes $Al_xGa_{1-x}As$ 74
    - 4.1.3.3 Dotierte Halbleiter 75
    - 4.1.3.4 Quantenbrunnen 78

4.2 Röntgenbeugung 80
- 4.2.1 Theoretische Grundlagen 80
- 4.2.2 Meßaufbau 83
- 4.2.3 Anwendungsbeispiele 84
    - 4.2.3.1 Gitterfehlanpassung 85
    - 4.2.3.2 Chemische Zusammensetzung 86
    - 4.2.3.3 Periodenlänge eines Übergitters 86
    - 4.2.3.4 Epitaxieschichtdicke 87
    - 4.2.3.5 Überordnung in ternären Mischkristallhalbleitern 88

4.3 Literatur 91

Teil 2: Technologie elektronischer Höchstfrequenz-Bauelemente

5 Abscheidung und Charakterisierung dielektrischer Schichten 93

5.1 Materialien für dielektrische Schichten 93

5.2 Verfahren zur Deposition auf III/V-Halbleitern 95
- 5.2.1 Kathodenzerstäubung (Sputtern) 95
- 5.2.2 Plasma-unterstützte Chemische Gasphasendeposition 97

5.3 Charakterisierung von SiN_x 103
- 5.3.1 Elektrische Charakterisierung 105
- 5.3.2 Ellipsometrie 107
    - 5.3.2.1 Amplitudenreflexionsfaktor als Funktion der Schichtdaten 108
    - 5.3.2.2 Meßtechnische Erfassung des Amplitudenreflexionsfaktors ρ 110

5.4 Literatur 113

6 Bauelementtechnologie 115

6.1 Laterale Strukturierung 116
- 6.1.1 Photonische Lithographie 117
    - 6.1.1.1 Optische Lithographie 118
    - 6.1.1.2 Röntgenstrahllithographie 120
- 6.1.2 Direkt-Schreibverfahren 124

		6.1.2.1	Elektronenstrahllithographie	124

        6.1.2.1 Elektronenstrahllithographie 124
        6.1.2.2 Fokussierte Ionenstrahllithographie 127
   6.1.3 Abbildungen im Fotolack 129
6.2 Vertikale Strukturierung (Ätztechnik) 132
   6.2.1 Naßchemische Ätzverfahren 135
   6.2.2 Trockenätzverfahren 136
6.3 Metallisierungen 144
   6.3.1 Herstellung von Metallisierungen 145
        6.3.1.1 Aufdampftechnik 146
        6.3.1.2 Kathodenzerstäubung (Sputtertechnik) 148
        6.3.1.3 Galvanik 149
   6.3.2 Strukturierung von Metallen 151
        6.3.2.1 Ätztechnik 151
        6.3.2.2 Abhebetechnik (Lift-Off) 153
        6.3.2.3 Fotolack-geführtes Galvanisieren (Luftbrücken) 153
   6.3.3 Kontakttechnologie 156
        6.3.3.1 Sperrende (Schottky-) Kontakte 156
        6.3.3.2 Leitende (Ohmsche-) Metall-Halbleiterkontakte 159
6.4 Literatur 166

7   Umweltschutz und Arbeitssicherheit 169

7.1 Gefährliche Stoffe 169
7.2 Detektion gefährlicher Stoffe 177
7.3 Arbeitsschutz 177
7.4 Emissionsschutz 181
7.5 Versorgung, Lagerung, Entsorgung 182
7.6 Literatur 183

Anhang 185

Übungsaufgaben 186
Liste der verwendeten Formelzeichen 201
Druck-Umrechnungstabelle 203
Naturkonstanten 204
Stichwortverzeichnis 205

0 Einleitung

Im Kommunikationszeitalter ist der weltumspannende Transport und die Verwertung des „Rohstoffs" Information eine Basisaufgabe und große Herausforderung. Gewaltige Datenmengen erfordern höchste Verarbeitungsgeschwindigkeit und breitbandige Übertragung mittels Funkwellen- und Lichtwellenleitern. In beiden Gebieten kommen die inhärenten Vorteile der III/V-Halbleiter zum Tragen: höchste Trägergeschwindigkeiten und die elektrische Erzeugung und Modulation von Licht. Der Fortschritt der hierfür benötigten elektronischen und optoelektronischen Systeme ist in einem sehr hohen Maße durch die Bereitstellung geeigneter Technologien zur realen Herstellung der Bauelemente und Schaltungen vorgegeben. Die Halbleitertechnologie soll Materialsysteme mit hochgezüchteten Eigenschaften entwickeln und diese exakt technisch beherrschen. Den Anforderungen höherer Komplexität und/oder höherer Verarbeitungsgeschwindigkeit wird mit weiter fortschreitender Miniaturisierung entsprochen.

Um diesen Aufgaben zu genügen, werden sehr hohe Aufwendungen für Forschung und Entwicklung im Bereich der Halbleitertechnologie getätigt. Deren Ausmaß wird oft erst durch den Begriff „Schlüsseltechnologie" verständlich: Mikroelektronische Schaltungen mit relativ kleinem Eigenwert sind der Schlüssel zum Erfolg (oder Mißerfolg) im Wettbewerb der durch sie maßgeblich beeinflußten Produkte im Bereich von Datentechnik, Maschinenbau, Fahrzeugbau und Feinmechanik/Optik.

Der derzeitige Stand der technischen Verwendung von Halbleitern basiert auf wenigen herausragenden physikalischen und technischen Erkenntnissen. Halbleiter müssen in ultrareiner Form bereitgestellt werden, um sie danach gezielt technisch beeinflussen zu können. Ohne diese Voraussetzung gehen physikalische Effekte im Chaos unter und entziehen sich der Anwendung in Bauelementen und Schaltungen. Erst in der zweiten Hälfte dieses Jahrhunderts war diese Voraussetzung technisch geschaffen.

Eine weitere äußerst wichtige Entwicklung ist die Planartechnologie für die Anordnung mehrerer Bauelemente zur integrierten Schaltung. Mit dieser Technik ist es gelungen, alle Teile eines Bauelementes an die Oberfläche eines Halbleiterkristalls zu legen und Integration durch Anordnung mehrerer Bauelemente nebeneinander auf der Oberfläche zu schaffen. Halbleitertechnologie ist daher eine Oberflächentechnologie; es ist eine Technologie zur Herstellung und Strukturierung ultradünner Schichten ($d = 0{,}001 \ldots 10$ µm) auf einer tragenden Scheibe, dem Wafer oder Substrat.

Ein Durchbruch gelang Ende der 70er Jahre mit der Herstellung von Schichten des Halbleiters A auf Substraten und/oder Schichten des Halbleiters B, wobei sowohl das „Umschalten" von A auf B als auch die Dicke der Schichten mit atomar scharfer Präzision möglich wurde. Hier eröffnet sich, derzeit noch in hohem Maße im Forschungsstadium, eine unendliche Fülle von technischen Anwendungen durch eine Materialoptimierung im atomaren Maßstab.

Dieses Buch greift gerade das Potential der Halbleiterheterostrukturen auf. Es führt dem interessierten Anfänger durch die Materialwelt der III/V-Halbleiter in Herstellung und Charakterisierung und bietet mit Blick auf die Anwendung höchster Betriebsfrequenzen einen Einstieg in die Bauelementtechnologie. Abschließend ist ein Kapitel der Umsetzung von Umweltschutz und Arbeitssicherheit gewidmet, denen immer größere Bedeutung zukommt. Sie wurden auf der Basis rechtlicher Vorgaben -aber auch hoher Eigenverantwortung- für den Spezialfall der III/V-Halbleiter aufgearbeitet.

1 Halbleiter-Materialsysteme

1.1 Definition des „Halbleiters"

Halbleiter sind Festkörper, deren elektrische Leitfähigkeit durch die Temperatur in weiten Grenzen veränderbar ist. Bei $T = 0\,K$ besitzt sie keine Leitfähigkeit (Isolator) während bei hohen Temperaturen eine quasi metallische Leitfähigkeit eintritt. Im elektronischen Bild des Energiebandmodells läßt sich dies über den Bandabstand W_g darstellen. Beim idealen Isolator ist das Valenzband das höchste vollständig mit Elektronen aufgefüllte Band.

Das mit dem energetischen Abstand W_g (Bandabstand) darüber liegende Band, das Leitungsband, ist bei $T = 0\,K$ vollständig leer (vgl. Abb. 1.1). Elektrische Leitfähigkeit entsteht durch (thermischen) Übergang von Elektronen aus dem Valenzband ins Leitungsband. Die Konzentration der dabei entstehenden Elektronen n im Leitungsband ist dabei gleich der im Valenzband entstehenden „Löcher" oder Defektelektronen p und wird als intrinsische Eigenleistungskonzentration n_i bezeichnet:

$$n = p = n_i \qquad (1.1)$$

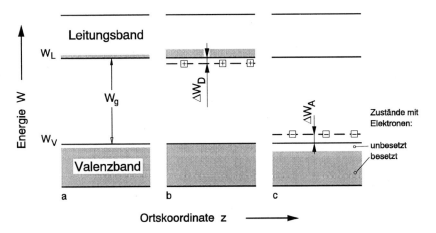

Abb. 1.1. Bändermodell des Festkörpers bei $T > 0\,K$ für undotierten Eigenhalbleiter (**a**), n-dotierte (**b**) und p-dotierte Halbleiter (**c**) (vgl. Heime, 1987)

Die Konzentration n_i errechnet sich aus dem Produkt der besetzbaren Zustände im Leitungsband N_L und des Valenzbandes N_V multipliziert mit der Wahrscheinlichkeit der Besetzung durch die thermische Energie 2 kT, die einige Elektronen den Bandabstand W_g überwinden läßt:

$$n_i = \sqrt{N_V \cdot N_L} \cdot e^{\frac{-W_g}{2kT}}. \qquad (1.2)$$

Große technische Bedeutung haben Halbleiter, die sowohl n- als p-Leitung besitzen können. Hierzu werden geeignete Fremdatome in das Wirtsgitter eingesetzt, die mindestens ein Valenzelektron mehr (Donator) oder weniger (Akzeptor) besitzen, als für ihre Gitterposition erforderlich ist. Geeignet sind Fremdatome, die zur Ionisierung unter Abgabe eines Ladungsträgers an das Leitungsband (n-Typ: ΔW_D) oder das Valenzband (p-Typ: ΔW_A), eine Aktivierungsenergie besitzen, die klein ist gegen den Bandabstand W_g und etwa den Wert der thermischen Energie bei Raumtemperatur ($\Delta W_{D,A} \approx kT = 26$ meV) unterschreiten (vgl. Abb. 1.1). Die Ladungsträgerkonzentration errechnet sich analog zu Gl. 1.2:

$$n = \sqrt{N_D \cdot N_L} \cdot e^{\frac{-\Delta W_D}{2kT}},$$

oder

$$p = \sqrt{N_A \cdot N_V} \cdot e^{\frac{-\Delta W_A}{2kT}}. \qquad (1.3)$$

N_D, N_A: Donator-, Akzeptorkonzentration

Bei einer geringen Aktivierungsenergie gilt in einem weitem Temperaturbereich:

$$n = N_D \quad \text{oder} \quad p = N_A. \qquad (1.4)$$

Die freie Ladungsträgerkonzentration ist somit vom Wirtsgitter und von der Temperatur unabhängig und wird nur durch die technische kontrollierte Zugabe von Fremdatomen (Dotierung) eingestellt. Moderne Dotierverfahren (vgl. Kap. 3) gestatten es, die Fremdstoffzugabe im Verhältnis zur Wirtsgitterkonzentration in weiten Grenzen etwa von 10^{-2} bis 10^{-10} zu variieren. Aus dieser Einstellbarkeit von Ladungsträgertyp und Konzentration bei unverändertem Grundwerkstoff resultiert die große Attraktivität des Halbleiters. Die metallischen Leiter unterscheiden sich hiervon qualitativ, da hier:

a) $W_g < 0$, d.h. Valenz- und Leitungsband sich überlappen (divalente Metalle)
b) das Valenzband nicht bis zur Oberkante gefüllt ist (monovalente Metalle).

Die freie Ladungsträgerkonzentration im Metall ist immer im Bereich der Wirtsgitterkonzentration und damit erheblich höher als im Halbleiter. Sie ist im Metall aber nicht durch eine Fremdstoffzugabe (Dotierung) einstellbar. Die Unterscheidung zum Isolator ist nicht eindeutig definiert. Gemäß Gl. 1.2 nimmt die Eigenleitungskonzentration mit dem Bandabstand exponentiell ab; Festkörper mit einem Bandabstand $W_g \geq 1$ eV besitzen schon isolierende Eigenschaften (vgl. Kap. 2: semi-isolierende Substrate). Klassische Isolatoren besitzen Bandabstände $W_g \geq 3$ eV.

1.2 Kristallstruktur der Verbindungshalbleiter

Kristalline Halbleiter können als periodisch angeordnetes Gitter von Atomen eines Typs (z.B. Silizium, Germanium, ...) oder aus Gruppen von Typen angeordnet sein. Letztere werden als Verbindungshalbleiter bezeichnet und setzen sich aus Atomen verschiedener Gruppen des Periodensystems zusammen. Von technischer Bedeutung sind hier zunächst:

III-V-Halbleiter:	Ga-As	$W_g = 1{,}42$ eV
	In-P	$W_g = 1{,}35$ eV
II-VI-Halbleiter:	Hg-Te	$W_g \approx 0{,}05$ eV

Darüber hinaus gibt es noch verschiedene weitere halbleitende Verbindungen aus Atomen der IV. Gruppe (z.B. SiGe) oder aus der IV. und VI. Gruppe. Nach Silizium ist das Gallium-Arsenid (GaAs) der derzeit technisch wichtigste Halbleiter, der bedingt durch seine besonderen Eigenschaften, Anwendung im Bereich der Höchstfrequenzelektronik und der Optoelektronik findet.

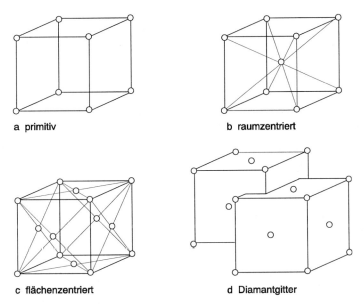

a primitiv b raumzentriert
c flächenzentriert d Diamantgitter

Abb. 1.2. Kristallgitter mit kubischen Einheitszellen. Das Diamantgitter (**d**) besteht aus zwei ineinander geschobenen flächenzentrierten Einheitszellen. (vgl. z.B. Ruge, 1984)

Gallium-Arsenid und verwandte Verbindungshalbleiter des Typs $A_{III}B_V$ spiegeln das von Heinrich Welker ermöglichte Prinzip des „Material-Engineering" wieder; d.h. das Züchten spezieller Materialeigenschaften durch technisch beherrschtes Zusammenführen intermetallischer Verbindungen. In weiterer Fortführung dieses Prinzips können Mischkristallhalbleiter aus mehreren Atomen einer Gruppe des Typs $A^1_{III}A^2_{III}B_V$ als ternäre Halbleiter oder gar $A^1_{III}A^2_{III}B^1_VB^2_V$ als quarternäres Material aufgebaut werden. Das bekannteste Beispiel hierfür ist das (AlGa)As, in dem eine Mischung von Aluminium und Gallium verwendet wird. Viele Element- und Verbindungshalbleiter und alle bisher angesprochenen technisch wichtigen Halbleiter kristallisieren im Diamant- bzw. Zinkblende-Gitter. Das Diamantgitter setzt sich aus zwei, um eine viertel Raumdiagonale ineinander geschobenen, kubisch-flächenzentrierten Einheitszellen zusammen (vgl. Abb. 1.2).

Das Zinkblendegitter unterscheidet sich vom Diamantgitter lediglich dadurch, daß die kubisch-flächenzentrierten Untergitter jeweils mit Atomen verschiedener Gruppen (Gitter 1: A_{III}, Gitter 2: B_V) besetzt sind. Die Valenzen der Einzelatome sind für beide Kristallgitter in Abb. 1.3 dargestellt. Sowohl die Elementhalbleiter Silizium und Germanium (Diamantgitter) als auch die Verbindungshalbleiter des Typs $A_{III}B_V$ besitzen im Mittel vier Valenzen. Diese Valenzen spannen im maximalen Raumwinkel von 120° zueinander einen Tetraeder auf. Im Zinkblendegitter sind die nächsten Nachbarn eines Atoms vom Typ A_{III} je vier Atome vom Typ B_V und umgekehrt.

Die Kristallrichtungen werden durch die „Millerschen" Indizes bezeichnet (vgl. Abb. 1.4). Zu deren Bestimmung wird zunächst ein beliebiger Eckpunkt der kubischen Einheitszelle als Koordinatenursprung eines orthogonalen Systems

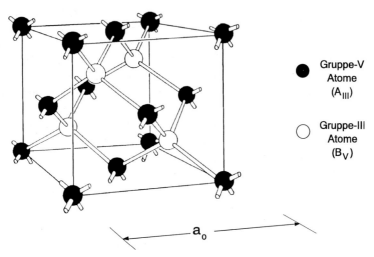

Abb. 1.3. Das Zinkblendegitter des GaAs, InP und vieler anderer $A_{III}B_V$-Halbleiter. (nach Salow u.a., 1963)

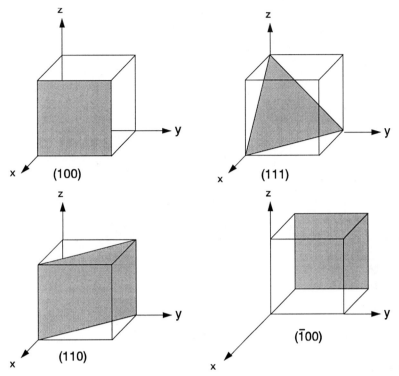

Abb. 1.4. Die Millerschen Indize wichtiger Ebenen im kubischen Kristall (vgl. z.B. Ruge, 1984)

definiert. Jede beliebige Fläche wird durch drei Punkte eindeutig bestimmt. Hierzu werden die drei Achsenabschnitte in Vielfachen der Einheitszellenlänge a (z.B. $x = h$, $y = k$, $z = l$) betrachtet. Die Millerschen Indizes sind die Reziproken der Achsenabschnitte ($1/h$, $1/k$, $1/l$) mit der Maßgabe, daß diese mit dem kleinsten gemeinsamen Nenner auf ganze Zahlen erweitert werden. D.h. alle parallelen Ebenen werden durch einen Satz Millersche Indizes bezeichnet. Diese werden in runden Klammern geschrieben, negative Achsenabschnitte durch Striche gekennzeichnet: z.B. ($\bar{1}00$). Für Ebenen parallel zu Achsen oder Flächen (d.h. ein oder zwei Achsenabschnitte sind unendlich, das Inverse entsprechend Null) sind die Indizes besonderes einfach (vgl. Abb. 1.4: (100), (110)).

Von besonders großer Bedeutung ist die (100)-Ebene. Hier sind in einer Netzebene auch für das Zinkblendegitter nur Atome eines Typs und parallel zu dieser Ebene alternieren Netzebenen der Typen A_{III} und B_V.

1.3
Halbleiter-Schichtsysteme

Aktive Halbleiterschichten sind extrem dünn (d = 0,001 ... 10 µm) und benötigen daher für eine hinreichende mechanische Festigkeit zur technologischen Bearbeitung ein Trägermaterial: das Substrat. An das Substrat werden im Hinblick auf technische Handhabbarkeit Grundvoraussetzungen wie mechanische Festigkeit und weitgehende chemische Resistenz gestellt. Weiterhin soll es über eine hohe thermische Leitfähigkeit zur Abführung der Verlustleistung der Bauelemente verfügen und es soll entweder elektrisch hochisolierend oder hochleitend verfügbar sein. Nur wenige intrinsische, mit hohem Bandabstand ausgestattete und damit hochisolierende Halbleiter können als Substratmaterial dienen (Si, GaAs, InP). Diese sind dann jedoch allen anderen Materialien (z.B. Keramiken, Harze) weit überlegen, da deren Oberfläche direkt zur Bauelementfertigung verwendet werden kann. Einen ersten Überblick über die physikalischen Eigenschaften wichtiger Halbleiter gewährt Tabelle 1.1.

1.3.1 Gitterangepaßte Halbleiter-Schichtsysteme

In Abb. 1.5 sind der Bandabstand W_g und die Gitterkonstante a_0 einiger wichtiger Halbleitermaterialien wiedergegeben. Dadurch wird deutlich, daß es neben den thermischen und chemischen Grundeigenschaften noch einen weiteren wichtigen Punkt gibt: die Gitterkonstante a_0 des Halbleiterkristalls. Es können ohne Einschränkung nur Halbleitermaterialien mit gleicher Gitterkonstante aufeinander abgeschieden werden, da sonst Kristalldefekte wie z.B. Versetzungen auftreten, die ein solches Material für die Bauelement-Realisierung unbrauchbar machen.

Daraus folgt, daß z.B. GaAs-Schichten nicht „gitterangepaßt" auf Silizium-Substraten aufwachsen können. Die Gitterkonstante des Substrates entscheidet über die Halbleiter oder Familien von Halbleitermaterialien, die darauf ohne Gitterverspannung in praktisch beliebiger Dicke aufgewachsen werden können. Dies ermöglicht neben dem Material-Engineering das, von F. Capasso eingeführte, „Band-gap Engineering", d.h. der Bandabstand und somit die optoelektronischen Eigenschaften des Materials können über die technisch kontrollierte Zusammensetzung $A^1_{III} A^2_{III} B^1_V B^2_V$ gesteuert werden.

$Al_xGa_{1-x}As$ besitzt für $0 < x < 1$ eine Gitterkonstante, die dem GaAs praktisch gleich ist (vgl. Abb. 1.5), während die (opto-)elektronischen Eigenschaften - ausgedrückt durch den Bandabstand W_g - in weiten Bereichen mit dem Al-Gehalt x des Mischkristalls einstellbar sind:

$$a(x) = a_{GaAs} + x \cdot 0,00078 \text{ nm}, \quad (a_{GaAs} = 0,56533 \text{ nm}) \tag{1.5}$$

Dieses außergewöhnliche „Geschenk der Natur" hat die Entwicklung von Heterostrukturschichten (Kristall B wächst auf Kristall A) eingeleitet.

1.3 Halbleiter-Schichtsysteme

Tabelle 1.1. Materialdaten technisch wichtiger Halbleiter (vgl. Beneking, 1991)

Eigenschaften (T = 300 K)	Si	GaAs	In$_{.53}$Ga$_{.47}$As	InP	Einheit
Kristall:					
Formelgewicht m/m$_u$	28,09	144,63	168,545	145,79	
Atomdichte	5,0	4,42	4,0	4,0	10^{22} cm^{-3}
Dichte ρ	2,33	5,32	5,49	4,81	g·cm^{-3}
Kristallstruktur	Diamant	Zinkbl.	Zinkbl.	Zinkbl.	
Gitterkonstante a$_0$	0,5431	0,56533	0,5867	0,5867	nm
Transport:					
Bandabstand W$_g$	1,12	1,42	0,75	1,35	eV
Elektronenmasse m*$_n$/m$_0$		0,067	0,041	0,078	
longitudinal	0,98				
transversal	0,19				
Löchermasse m*$_p$/m$_0$					
leichtes (lh),	0,16	0,082	0,051	0,12	
schweres (hh)	0,49	0,45	0,50 (h)	0,56	
Effektive Zustandsdichte					
im Leitungsband N$_c$	28	0,47	0,21	0,54	10^{18} cm^{-3}
im Valenzband N$_V$	10	7	7,4	2,9	10^{18} cm^{-3}
Intrinsische Ladungsträger-					
konzentration n$_i$	6.600	2,2	63.000	5,7	10^6 cm^{-3}
Beweglichkeit (undot.)					
Elektronen μ_n	1.500	8.500	14.000	5.000	cm^{2}V^{-1}s^{-1}
Löcher μ_p	450	450	400	200	cm^{2}V^{-1}s^{-1}
Minoritätenlebensdauerτ (Richtwert)	2500	0,01	0,02	0,005	µs
Dielektrische:					
Dielektrizitätszahl ε_r	11,9	13,1	13,7	12,4	
Durchbruchfeldstärke (undotiert) E$_{Br}$	300	350	100	400	KV/cm
Intrins. spezifischer Widerstand ρ_i	0,2	310	0,0008	11	MΩ·cm
Elektronenaffinität χ	4,05	4,07	4,63	4,4	eV
Thermische:					
Ausdehnungskoeff. α	2,6	6,86	5,66	4,75	10^{-6}°C^{-1}
Therm. Leitfähigkeit σ_{th}	1,5	0,46	0,05	0,68	W cm^{-1}K^{-1}
Spezifische Wärme c$_V$	0,7	0,35	0,29	0,31	J·g^{-1} °C^{-1}
Schmelzpunkt Θ_s	1.412	1.238	970	1.062	°C

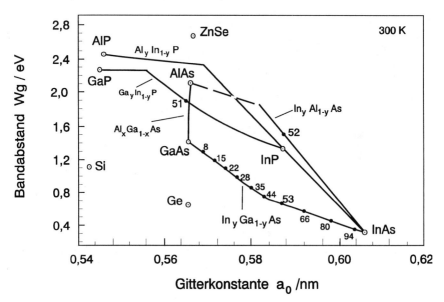

Abb. 1.5. Bandabstand W_g und Gitterkonstante a_0 technisch wichtiger Halbleiter. Mischkristalle $A^1_{III}A^2_{III}B_V$ sind durch Verbindungsstrecken ihrer binären Endpunkte $A^1_{III}B_V$ und $A^2_{III}B_V$ dargestellt (nach Milnes, 1986)

Hierbei tritt ein in atomarer Dimension abrupter Wechsel der Halbleitermaterialien an der Grenzschicht zwischen Kristall A und Kristall B auf, wie er in Abb. 1.6 am Beispiel des AlGaAs/GaAs dargestellt ist. Die unterschiedlichen Bandabstände W_g (vgl. Abb. 1.7) abrupt aufeinander gewachsener Halbleiterschichten führt zu einer Diskontinuität im Energieband am Ort der Grenzfläche:

$$W_g = \begin{cases} W_{g1}, & z < z_0 \\ W_{g2}, & z > z_0 \end{cases} \quad z = z_0 \text{: Ort des Übergangs} \tag{1.6}$$

Die Diskontiniuität hat die Größe

$$\Delta W_g = \Delta W_{g2} + \Delta W_{g1} \tag{1.7a}$$

und teilt sich in Valenz- und Leitungsbanddiskontinuität auf (vgl. Abb.1.7)

$$\Delta W_g = \Delta W_L + \Delta W_V. \tag{1.7b}$$

Nach einem einfachen Modell (Anderson, 1962) läßt sich die Leitungsbanddiskontinuität aus einem Energiebandumlauf ermitteln (vgl. Abb. 1.7):

$$q \cdot \chi_1 = \Delta W_L + q \cdot \chi_2 \tag{1.8}$$

$$\Delta W_L = q \cdot (\chi_1 - \chi_2) \tag{1.9}$$

1.3 Halbleiter-Schichtsysteme

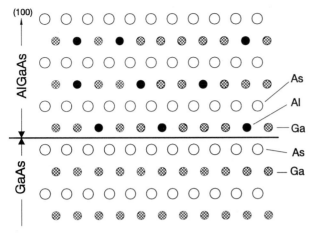

Abb. 1.6. Querschitt durch eine Heterostruktur GaAs/Al$_x$Ga$_{1-x}$As in (100)-Richtung. Die Al-Atome sind stochastisch auf Gr.III- Plätze eingebaut. Die Grenzfläche ist durch den Strich markiert

Am Beispiel des Heteroübergangs Al$_x$Ga$_{1-x}$As/GaAs seien die Größen quantifiziert (Adachi, 1985):

$$\Delta W_g = W_{g,Al_xGa_{1-x}As} - W_{g,GaAs} = x \cdot 1{,}247 eV, \tag{1.10}$$

$$\chi(x) = \chi_{GaAs} - x \cdot 1{,}1 \text{ V}; \quad \chi_{GaAs} = 4{,}07 \text{ V}, \tag{1.11}$$

$$\begin{aligned}\Delta W_L(x) &= q \cdot \left[\chi_{GaAs} - \chi_{Al_xGa_{1-x}As}\right], \\ &= q \cdot \left[4{,}07V - (4{,}07V - x \cdot 1{,}1V)\right], \\ &= x \cdot 1{,}1 eV.\end{aligned} \tag{1.12}$$

bzw. in der normierten Darstellung

$$\frac{\Delta W_L(x)}{\Delta W_g(x)} = \frac{x \cdot 1{,}1 eV}{x \cdot 1{,}247 eV} = 0{,}88. \tag{1.13}$$

Nach dieser einfachen Vorstellung entfallen für Al$_x$Ga$_{1-x}$As/GaAs 88% des Energiebandsprunges ΔW_g auf das Leitungsband (ΔW_L) und entsprechend 12% auf das Valenzband (ΔW_V). In der Praxis werden jedoch nur Werte von

$$\frac{\Delta W_L(x)}{\Delta W_g(x)} = 0{,}6....0{,}7 \tag{1.14}$$

ermittelt. Gründe hierfür sind:

- Grenzflächenzustände,
- Bestimmung einer kleinen Größe (ΔW_L) aus der Differenz zweier sehr hoher Werte (χ_{GaAs}, χ_{AlGaAs}).

- Verwendung von Volumengrößen χ für die Bestimmung von Grenzflächengrößen.

Für die weitere Verwendung des Systems $Al_xGa_{1-x}As/GaAs$ (x < 0,45) können folgende Werte verwendet werden:

$$\frac{\Delta W_L(x)}{\Delta W_g(x)} = 0{,}64, \qquad (1.15)$$

$$\frac{\Delta W_V(x)}{\Delta W_g(x)} = 0{,}36. \qquad (1.16)$$

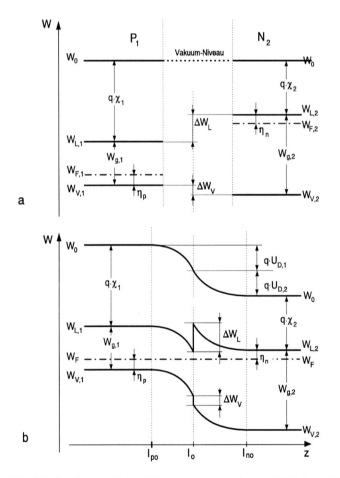

Abb. 1.7. Bändermodell des Heteroüberganges eines p-Halbleiters (**1**) und eines n-Halbleiters (**2**). Es gelte $W_{g1} < W_{g2}$ und $\chi_1 > \chi_2$. (nach Heime, 1987): vor dem Kontakt (**a**), nach dem Kontakt (**b**)

Nach dem $Al_xGa_{1-x}As/GaAs$ -System sind noch weitere Verbindungen von Heterosystemen ternärer Halbleiter $A^1_{III}A^2_{III}B_V$ auf binärem Substrat von Interesse. Sie alle benötigen jedoch zur Einhaltung der Gitterkonstanten des Trägers ein definiertes Verhältnis x im Mischkristall $A^1_{III,x}A^2_{III,1-x}B_V$ bei dem, und nur bei dem, die Gitteranpassung gewahrt ist (vgl. Abb. 1.5). In Tabelle 1.2 sind für eine Reihe von Heterostrukturkombinationen die Bandlückendifferenzen eingetragen. Die Aufteilung der Bandlücke auf Leitungs- und Valenzband ist sehr unterschiedlich und erlaubt so eine der Anwendung angepaßte Auswahl der Materialkombination.

Das Kompositionsverhältnis x des ternären Halbleiters $A^1_{III,x}A^2_{III,1-x}B_V$ läßt sich aus dem Vegardschen Gesetz ermitteln. Dieses besagt, daß die Gitterkonstante a(x) des ternären Mischkristalls linear von der Komposition x abhängt (vgl. Abb. 1.8):

$$a(x) = a_{A^1_{III}B_V} + x \cdot \left(a_{A^2_{III}B_V} - a_{A^1_{III}B_V} \right). \tag{1.17}$$

Eine Gitteranpassung gemäß obigen Beispielen ist nur möglich, wenn gilt:

$$a_{A^2_{III}B_V} \leq a_{Substrat} \leq a_{A^1_{III}B_V}$$

oder

$$a_{A^2_{III}B_V} \geq a_{Substrat} \geq a_{A^1_{III}B_V}$$

Technisch interessant sind insbesondere solche Heterostruktursysteme, die bei gleicher Gitterkonstante große Unterschiede aufweisen bzgl.:

- der elektronischen Eigenschaften (Bandabstand, Beweglichkeit, Geschwindigkeit etc.),

Tabelle 1.2. Bandabstand ΔW_g, Leitungsband- ΔW_L und Valenzbanddifferenz ΔW_V (nach Tiwari und Frank, 1992) unter Angabe der nominellen Gitterfehlanpassung $\Delta a/a$ für einige typische Heteostruktursysteme. Beim GaInP hängt die Diskontinuität auch vom Ordnungsgrad des Kristalls ab. Die angegebenen Zahlenwerte gelten für ungeordnetes Material

Heterostruktursysteme	$\Delta a/a$ [10^{-3}]	ΔW_g [eV]	ΔW_L [eV]	ΔW_V [eV]
GaAs-System:				
GaAs / $Al_{0,30}Ga_{0,7}As$	0,41	0,4	0,26	0,13
GaAs / AlAs	1,4	0,73	0,29	0,44
GaAs / $Ga_{0,51}In_{0,49}P$	0,0	0,46	0,22	0,24
InP-System:				
InP / GaP	76,6	0,92	0,74	0,18
InP / $Al_{0,48}In_{0,52}As$	0,0	0,11	0,3	- 0,19
InP / $Ga_{0,47}In_{0,53}As$	0,0	0,60	0,2	0,4
$Ga_{0,47}In_{0,53}As$ / $Al_{0,48}In_{0,52}As$	0,0	0,71	0,5	0,21
Silizium-System:				
Si / $Si_{0,5}Ge_{0,5}$	39	0,15	- 0,15	0,3

- der chemischen Eigenschaften für selektive Strukturierverfahren mit Ätzen,
- der optischen Eigenschaften (Bandabstand $W_g = h \cdot \nu$, Brechzahl $n \approx \sqrt{\varepsilon_r}$.

1.3.2
Gitterfehlangepaßte Halbleiter-Schichtsysteme

Der Zwang zur Gitteranpassung schränkt die Kombinierbarkeit von Halbleiterheterostrukturen erheblich ein, da

- nur eine bestimmte Komposition x_0 eines Mischkristalls verwendet werden kann (Ausnahme GaAs/Al$_x$Ga$_{1-x}$As),
- einige Mischkristalle nicht möglich sind, insbesondere Heterostrukturen des Typs $A^1_{III}B_V / A^2_{III,x}A^1_{III,1-x}B_V$ (z.B.: GaAs/ In$_x$Ga$_{1-x}$As ,vgl. Abb. 1.8)

Werden jedoch nur wenige Atomlagen eines Materials mit größerer (kleinerer) Gitterkonstante auf einen kristallinen Träger aufgewachsen, so wird wegen des räumlich vorgegebenen Abstandes der freien Valenzen des Trägers, der aufgewachsenen Schicht die Gitterkonstante des Trägers aufgezwungen (vgl. Abb. 1.9). Die Schicht ist elastisch verspannt.

Bis zu einer endlichen Schichtdicke, der kritischen Schichtdicke h_C, ist ein einkristallines, defektfreies Kristallwachstum möglich. Derartige verspannte Schichten werden als pseudomorph bezeichnet. Die maximal mögliche kritische Schichtdicke der pseudomorphen Schichten hängt von der Differenz der Gitterkonstanten der Ausgangsmaterialien ab. Es gibt im wesentlichen zwei Modelle, die eine Be-

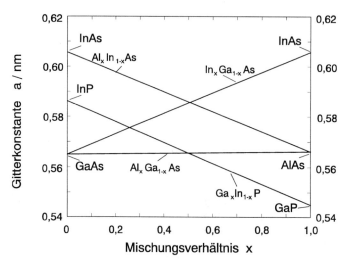

Abb. 1.8. Die Gitterkonstante a(x) einiger ternärer Mischkristallhalbleiter des Systems AlGaInAsP als Funktion der Komposition nach dem Vegardschen Gesetz

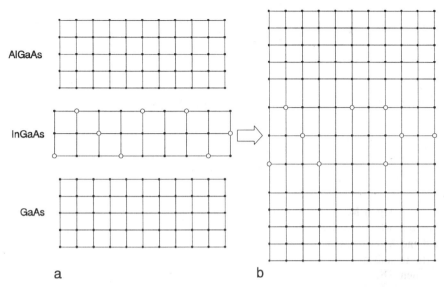

Abb. 1.9. Darstellung von Schichten mit unterschiedlicher Gitterkonstante *vor* (**a**) und *nach* (**b**) dem Aufwachsen

rechnung der kritischen Schichtdicke h_C gestatten:

- Kräftegleichgewichtsmodell (Matthews, Blakeslee, 1974)
- Energiegleichgewichtsmodell (People, Bean, 1985).

Wegen der besseren Übereinstimmung mit experimentellen Werten sei hier das zweite Modell kurz erläutert: In der verspannten Schicht ist eine potentielle Energiedichte $w_H/[W/cm^{-3}]$ gespeichert, die frei wird, wenn die Einheitszellen auf ihre unverspannte Größe zurückkehren:

$$w_H = 2 \cdot G \cdot \frac{1+\upsilon}{1-\upsilon} \cdot h \cdot \left(\frac{\Delta a}{a}\right)^2 \qquad (1.18)$$

G: Schubmodul
v: Poisson Faktor
h: Dicke der verspannten Schicht
a: Gitterkonstante des Substrates
a(x) Gitterkonstante der aufgewachsenen Schicht
Δa: a(x)-a

Überschreitet die Energiedichte w_H den Wert der Aktivierungsenergie für einen Defekt, der die Ausdehnung der Einheitszelle ermöglicht, so geht das einkristalline Wachstum verloren: Die kritische Schichtdicke h_C ist erreicht. Der Defekt mit der niedrigsten Aktivierungsenergie ist die Schraubenversetzung:

$$w_D \approx \left(\frac{G \cdot b^2}{8 \cdot \pi \cdot \sqrt{2} \cdot a(x)} \right) \cdot \ln \frac{h}{b} \qquad (1.19)$$

b: Betrag des Burgers Vektor

Die kritische Schichtdicke h_C wird erreicht, wenn $w_H = w_D$ wird. Damit gilt für h_C:

$$h_c \approx \frac{1-\upsilon}{1+\upsilon} \cdot \frac{1}{16\pi\sqrt{2}} \cdot \frac{b^2}{a(x)} \cdot \left(\frac{a}{\Delta a} \right)^2 \cdot \ln \frac{h_c}{b} \qquad (1.20)$$

Die transzendente Gleichung (1.20) wird durch numerische, iterative Verfahren gelöst. Das Ergebnis ist in Abb. 1.10 dargestellt und mit experimentellen Werten verglichen.

Die obigen Modelle wurden für das Materialsystem Si/(SiGe) entwickelt und auf das Materialsystem $In_xGa_{1-x}As/GaAs$ übertragen. Auch das hier wiedergegebene Modell kann die physikalische Realität nur ungenau nachbilden. Viele Effekte sind nicht berücksichtigt, so daß hier nur Richtwerte angegeben werden können. Die technologische Reproduktion wird von den eigenen experimentellen Bedingungen beeinflußt. Hierzu gehörte z.B. die Temperatur während des Wachstums, die die Energiebilanz beeinflußt. Ebenso ist die Anwendung der Schichten von Bedeutung. Daher wurden in Abb. 1.10 zum Vergleich Schichtdaten für funktionstaugliche Heterostrukturfeldeffekttransistoren eingefügt.

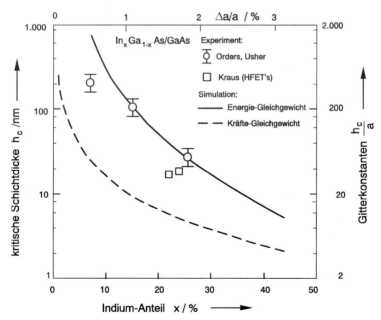

Abb. 1.10. Vergleich zwischen experimentellen und berechneten Werten der kritischen Schichtdicke. (Orders, Usher, 1987, Kraus, 1994)

1.4
Literatur

Adachi S.: GaAs, AlAs and $Al_xGa_{1-x}As$: Material parameters for use in research and device application. J. Appl. Phys. 58 (3), R1-R29 (1985)

Anderson R.L.: Experiments on Ge-GaAs heterojunctions. Solid-State Electronics, 5, pp.341-351, 1962

Beneking H.: Halbleitertechnologie. Teubner, Stuttgart, 1991.

Heime K.: Festkörperelektronik. Vorlesungsmanuskript, Universität-GH-Duisburg, 1987

Kittel C.: Einführung in die Festkörperphysik. Oldenburg, München, Wien 1973

Kraus, J.: Molekularstrahlepitaxie und Charakterisierung von pseudomorphen $In_yGa_{1-y}As$-Kanalschichten für die Anwendung in Submikron-Heterostruktur-Feldeffekttransistoren. Dissertation, Gerhard-Mercator-Universität GH Duisburg, 1994

Matthews J.W., Blakeslee, A.E.: Defects in Epitaxial Multilayers. J. Crystal Growth. 27 (1974) 118-125

Milnes A.G.: Semiconductor Heterojunction Topics: Introduction and Overview. Solid State Electronics, Vol. 29, No.2 pp. 99-121, 1986

Orders P.J., Usher B.F.: Determination of Critical Layer Thickness in $In_xGa_{1-x}As$/GaAs Heterostructures by X-Ray Diffraction. Appl. Phys. Lett., 50(15), 980-982 (1987)

People R., Bean J.C.: Calculation of Critical Layer Thickness versus Lattice Mismatch for Ge_xSi_{1-x}/Si Strainend-Layer Heterostructures. Appl. Phys Lett., 47(3), 322-324 (1985), Erratum: Appl. Phys Lett., 49(4), 299 (1986)

Ruge I.: Halbleitertechnologie, Halbleiterelektronik Bd. 4. Springer, Berlin 1984

Salow H., Beneking H., Münch W.v.: Der Transistor. Springer, Berlin 1963

Tiwari, S., Frank, D.: Empirical fit to band discontinuities and barrier heights in III-V alloy systems. Appl. Phys. Lett., Vol. 60, 5, pp. 630-632, 1992

Welker H.: Über neue halbleitende Verbindungen. Zs. für Naturforschung 7a, 744-749 (1952)

2 Halbleiterkristallzucht (GaAs)

Verbindungshalbleiterschichten des Types $A_{III}B_V$ werden meist auf GaAs- und InP-Substraten hergestellt. Am Beispiel des GaAs-Substrats sei der Herstellungsprozeß vom Ausgangsmaterial über die Einkristallzucht bis zur Herstellung der kreisförmigen Kristallscheibe, dem Substrat oder Wafer, dargestellt.

2.1 Ausgangsstoffe

Für eine gezielte technische Beeinflußung des Kristalls müssen die Ausgangsmaterialien (Gallium, Arsen) so rein vorliegen, daß die Verbindung Gallium-Arsenid, (GaAs), semiisolierende Eigenschaften besitzt. Hinreichend ist eine Reinheit von 7 N (99,99999%) entsprechend einer Restverunreinigung von 10^{15} cm^{-3} auf $4,4 \cdot 10^{22}$ Atome/cm^3 im GaAs. Gallium hat einen niedrigen Dampfdruck und wird durch fraktionierte Kristallisation, Arsen mit hohem Dampfdruck durch fraktionierte Destillation gereinigt. Die verbleibenden Restverunreinigungen stammen häufig von den Betriebswerkstoffen. So führt ein Graphit-Tiegel durch Kohlenstoff zu p-Typ-Verunreinigungen, während Quarzglas-Tiegel durch Siliziumabscheidungen n-Typ-Verunreinigungen hervorrufen.

Für die Verwendung von Reinstgallium für III/V-Halbleiter sind insbesondere Verunreinigungen kritisch, die aus der Gruppe IV oder Gruppe II stammen und, auf einem Gallium-Platz eingebaut, als Donator (Gruppe IV) oder Akzeptor (Gruppe II) wirken. Verunreinigungen der Gruppe III (z.B. Al) können in höherer Konzentration toleriert werden. Boroxid und pyrolytisches Bornitrid (pBN) führen zu keiner merklichen Veränderung. Aus den hochreinen Ausgangsstoffen wird polykristallines GaAs synthetisiert. Die Verfahren hierzu sind den in Abschn. 2.2 beschriebenen ähnlich. Es liegt jedoch keine geordnete Erstarrung nach Ordnungsvorgabe durch einen Kristallkeim vor.

2.2 Kristallzuchtverfahren

Eine Kristallisation von GaAs ist nur bei einer Temperatur möglich, bei der der flüchtigere Stoff, das Arsen, gasförmig vorliegt. In dieser Form ist Arsen sehr reaktiv und nach Verbindung mit Sauerstoff zu Arsentrioxid äußerst toxisch. Kristallzuchtverfahren finden daher in einer abgeschlossenen Atmosphäre statt (z.B. in der geschlossenen Glasampulle oder unter dichter Abdeckung der Schmelze mit einem inertem Fremdstoff). Ausgehend von einem Kristallkeim, der die Gitterinformation vorgibt, wächst der Kristall durch gerichtete Erstarrung der Schmelze. Die Eigenschaften des Kristalls werden duch den Temperaturgradienten während der Erstarrung und durch die Verunreinigung durch die Betriebsstoffe geprägt. Zwei technische Verfahren die in der industriellen Fertigung von $A_{III}B_V$-Halbleitersubstraten eingesetzt werden, sind in diesem Kapitel kurz beschrieben:

a) das Bridgman Verfahren (horizontal und vertikal),
b) das Liquid Encapulated Czochralski Verfahren.

2.2.1
Kristallisation im Quarztiegel (Horizontal-Bridgman Verfahren, HB)

In einer Glasampulle (vgl. Abb. 2.1 für das horizontale Bridgman-Verfahren) sind die Ausgangsstoffe

- Arsen zur Arsen-Partialdruckbereitstellung,
- Galliumarsenid aus vorherigem Syntheseverfahren und
- ein Galliumarsenid-Einkristallimpfling (111)

unter Vakuum eingeschlossen. Der Festkörper Arsen sublimiert in die Gasphase Tetraeder-Moleküle As_4. Das Arsen wird auf eine Temperatur von 610 °C aufgeheizt und erzeugt über der Schmelze den nötigen Partialdruck von $p \approx 1$ bar, um ein Ausdampfen von Arsen aus der Schmelze zu verhindern. Hierzu wird eine Menge benötigt, die sich aus der idealen Gasgleichung abschätzen läßt (vgl. Rüfer, 1990):

$$N_{mol\,As_4} = \frac{p \cdot V}{R \cdot T} \tag{2.1}$$

p: Partialdruck (1 bar = 10^5 N m^{-2})
V: Volumen der Ampulle (ca. 5 l)
R: Universielle Gaskonstante R = 8,314 J·K^{-1}mol^{-1}
T = 1200 K (mittlere Temperatur der Ampulle)

$$N_{mol\,As_4} = \frac{10^5 \cdot \frac{N}{m^2} \cdot 5 \cdot 10^{-3} m^3}{8,314 \cdot \frac{Nm}{K \cdot mol} \cdot 1200\,K} = 0,05\,mol \tag{2.2}$$

Dies entspricht einer Einwaage M:

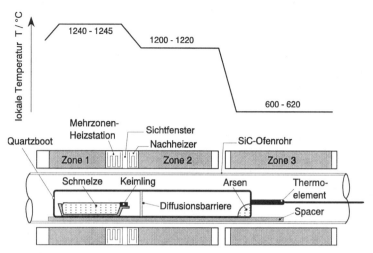

Abb. 2.1. Schematische Darstellung einer modernen 3-Temperaturen Anlage im Längsschnitt zur Herstellung von GaAs nach dem Horizontal-Bridgman Verfahren. Das eingezeichnete Stufenprofil gibt den räumlichen Temperaturverlauf wieder (nach Akai u.a., 1989)

$$M = n \cdot m_{u,As} \cdot N = 4 \cdot 74{,}92 \ \frac{g}{mol} \cdot 0{,}05 \ mol = 15 \ g \qquad (2.3)$$

n: Anzahl Atome des Moleküls
m_u: Atommasse

Das synthetisierte, polykristalline Galliumarsenid wird auf eine Temperatur von 1240 °C aufgeheizt und aufgeschmolzen. Der Tiegel wird dann leicht gekippt, so daß der kristalline GaAs-Keim mit der Schmelze in Berührung kommt, ohne selbst aufzuschmelzen. Der Kristallziehvorgang geschieht durch ein Herausziehen des Quartzbootes unter gerichteter und geordneter Erstarrung der Schmelze am vorgegebenen Temperaturgradienten zwischen der ersten und zweiten Heizstufe (vgl. Abb. 2.1). Die Kristallisierungsgeschwindigkeit beträgt typisch ca. 5 mm/h. Der Temperaturgradient in axialer Richtung beträgt nur ca. 1-3 °C/cm und erlaubt die Zucht extrem versetzungsarmer Kristalle (unter 5.000/cm^2).

2.2.2
Schutzschmelze-Verfahren (Liquid-Encapsulated Czochralski, LEC)

Nachteilig wirkt sich bei HB-Verfahren aus, daß die Schmelze mit der Quarztiegelwand in Berührung kommt und daher Silizium in einer Konzentration von 10^{17}/cm^{-3} aufnimmt. Semiisolierende Substrate können nur durch kompensierende Zugabe von Chrom hergestellt. Das Schutzschmelze-Verfahren vermeidet den

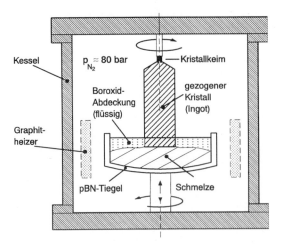

Abb. 2.2. Schematische Darstellung des LEC-Verfahrens (nach Rüfer, 1990)

Kontakt der Schmelze mit der Außenwand und kann daher undotierte, semi-isolierte Substrate bereitstellen. In Abb. 2.2 ist das Verfahren schematisch dargestellt. Die Schmelze befindet sich in einem Tiegel aus pyrolitischem Bornitrid (pBN). Das Abdampfen des flüchtigen Arsen wird durch eine flüssige Abdeckung mit Boroxid (B_2O_3) und einem Inertgas-Überdruck (N_2) vermieden. Der Kristallkeim wird durch das flüssige B_2O_3 mit der Schmelze in Berührung gebracht und mit einer Ziehgeschwindigkeit von ca. 10 mm/h wird der Tiegel abgesenkt. Oberhalb des B_2O_3 muß die GaAs Temperatur so weit abgesenkt sein, daß kein Arsen mehr abdampft, daraus resultieren Temperaturgradienten von ca. 100 °C/cm. Die Unterschiede der Verfahren sind in Tabelle 2.1 aufgelistet.

Tabelle 2.1. Spezifische Leistungsdaten von GaAs-Einkristallen des HB- (Horizontal Bridgman) und des LEC- (Liquid Encapsulation Czochralski) Verfahren

Verfahren	LEC	HB	Einheit
max Wafergröße (Stand 1991)	4	3	Zoll
typ. Waferdicke	500	450	µm
typ. Dickenvarianz	< 10	< 10	µm
Kristallziehgeschwindigkeit	10	5	mm/h
leitende Verunreinigungen (Si)	-	10^{17}	cm^{-3}
Kompensation (s.i. Substrate)	-	CrO	
Temperaturgradient	100	1-3	°C/cm
Spezifischer Widerstand (s.i.)	> 1	> 1	$10^7 \, \Omega \, cm$
Ätzgrubendichte	< 100	< 5	$10^3 \, cm^{-2}$
Beweglichkeit μ_H	$> 1 \cdot 10^3$	-	$cm^2/(V \cdot s)$
Versetzungsdichte	20 ... 100	5	$10^3 \, cm^{-2}$

2.3
Herstellung der Wafer

Das Produkt der Kristallzüchtung ist ein einkristalliner GaAs-Ingot. Nach dem HB-Verfahren ist er D-förmig in (111) Richtung, nach dem LEC-Verfahren zylindrisch (100). Die Halbleitertechnologie benötigt ausschließlich kreisförmige Scheiben mit einer Dicke von 450 - 600 µm und 1-2 abgeschliffenen Kanten, den Flats. Aus wirtschaftlichen Gründen ist man bestrebt, immer größere Wafer einzusetzen (seit ca. 1989 max. 4" kommerziell erhältlich). Die wichtigsten Einzelschritte bis zum verkaufsfähigen Wafer sind:

- Anbringen der Seiten-Flats am Ingot (vgl. Abb. 2.3)
- Temperschritte zur Defektreduzierung
- Sägen des Ingot mit mit einer Dickenabweichung von ca. 5 µm
- Abätzen der durch das Sägen gestörten Kristalloberfläche
- Läppen der Scheiben
- Temperprozesse der Scheiben zur Defektreduzierung.

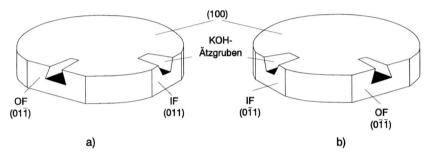

Abb. 2.3. Ausrichtung der Waferscheibenkanten (Flats) im internationalen Standard. Die Ätzgräben in V-Form oder Trapezform sind kristall-orientierungsanzeigend durch KOH-Ätzen: SEMI-Standard (**a**), japanische Norm (**b**)

2.4
Literatur

Akai, S., Fujita K., Yokoogawa, M., Morioko, M., Matsumoto, K.: Bulk Crystal Growth Technology. Japanese Technology Reviews, Vol. 4, Editor T. Ikoma, Gordon and Breach Publ. (1989)

Beneking, H.: Halbleitertechnologie. Teubner 1991

Rüfer, H.: Kristallzucht von GaAs. 21. IFF Ferienkurs, Kap. 21, Festkörperforschung für die Informationstechnik KFA Jülich, Zentralbibliothek, 1990

3 Herstellung aktiver Bauelementschichten

Die Herstellung aktiver Schichten ist eine kontrollierte technische Beeinflussung des Halbleiterkristalls in Bezug auf:

- Dicke,
- Dotierung mit Fremdatomen
- und seine stöchiometrische Zusammensetzung (Heterostrukturen).

(Opto-)Elektronische Bauelemente bestehen aus einer Folge derartig kontrollierter Schichten, die für jede Anwendung variiert und optimiert wird. Hierzu wird zwischen zwei Verfahrenstypen unterschieden:

a) Beeinflussung der Leitfähigkeit der Halbleiteroberfläche (Dotierung)

- durch Diffusion
- durch Ionenimplantation

b) Aufwachsen eines Kristalls mit kontrollierten Eigenschaften (Epitaxie)

- Gasphasenepitaxie (VPE)
- Flüssigphasenepitaxie (LPE)
- Molekularstrahlepitaxie (MBE)
- Metallorganische Gasphasenepitaxie (MOVPE)
- Gasphasen Molekularstahlepitaxie (GSMBE,CBE)

Die Epitaxieverfahren werden nach der Art der Quellen bezeichnet, die zum Herstellen der Halbleiterschichten verwendet werden. Ziel und Herausforderung aller Verfahren ist eine hochpräzise Kontrolle des Halbleiters.

3.1 Dotierverfahren

Die technische Beeinflussung des Halbleiters durch Dotierung kann während des Kristallwachstums (vgl. Abschn. 3.2) oder nach Abschluß der eigentlichen Materialherstellung erfolgen. Für die letztere Methode wird thermisch (Diffusion) oder kinetisch (Ionenimplantation) unterstütztes Eindringen der Dotieratome eingesetzt. Diffusion und Ionenimplantation beherrschen derzeit noch die industrielle Massenfertigung von Halbleitermaterialien. Trotz erheblich geringeren Anwendungspotentials sind relativ niedrige Produktionskosten und hoher Durchsatz die entscheidenden Vorzüge. Lediglich einfache Epitaxieverfahren wie Gas- oder Flüssigphasenepitaxie haben im Bereich der Leuchtdiodenfertigung eine ähnlich hohe Bedeutung.

3.1.1
Diffusion

Bei hohen Temperaturen können Fremdatome aus fester oder gasförmiger Quelle in einen Halbleiterkristall eindringen und elektrisch aktiv als Donator oder Akzeptor in oberflächennahe Gitterplätze eingebaut werden. Es entstehen leitende Schichten kontrollierbarer Dicke, Leitfähigkeit und Polarität. Besonders einfach und daher weit verbreitet ist diese Technik für das Silizium, da dort die erforderlichen hohen Temperaturen (> 1000 °C) ohne Schutzmaßnahmen für die Oberfläche durchgeführt werden können. Es können je Arbeitsgang bis zu ca. 200 Wafer in einem offenen System dotiert werden.

Bei den III/V-Halbleitern müssen Temperaturen eingestellt werden (z.B. ca. 900 °C für GaAs) bei denen die flüchtige V-er Komponente bereits in hohem Maße abdampft (vgl. Kap. 2). Hier hat sich ein Feststoffmantel aus Siliziumdioxid (SiO_2) um den Halbleiter bewährt (Arnold, 1983), der

- das Abdampfen der V-er Komponente verhindert und
- den Dotierstoff enthält, der in den Halbleiter eindringt.

Eine Emulsion bestehend aus Feststoffilmbildner, Dotierstoff (z.B. Zink, Zinn), Reaktionsträger sowie Lösungsmittel wird auf den III/V-Halbleiterwafer in einer Dicke von ca. 250-500 nm aufgeschleudert. Das Lösungsmittel (Ethanol, Wasser) wird in einem ersten Trocknungsprozeß (T = 150 °C - 200 °C) abgedampft. Hierbei wird der Filmbildner bestehend aus Si und organischen Resten hydriert. Der Feststoffmantel, bestehend aus einem SiO_2-Verbund wird in einem 2. Temperprozeß bei T = 400 °C durch Abspalten von Wasser gebildet. Hierbei vernetzen sich die Komplexe R_3-Si-O weiter in Richtung SiO_2 unter Abspaltung der organischen Reste. Die chemische Globalgleichung für diesen Vorgang lautet:

a)   Hydrolyse (T = 150 ... 200 °C):

$$R_3 - Si - OC_2H_5 + HOH \xleftrightarrow{\text{Wärme}} R_3 - Si - OH + C_2H_5OH$$

b)   Polymerisation (T = 400 °C):

$$R_3 - Si - OH + HO - Si - R_3 \xleftrightarrow{\text{Wärme}} R_3Si - O - SiR_3 + H_2O$$

Danach wird der Wafer in einen Diffusionsofen (vgl. Abb. 3.1) eingeführt und getempert. Bei Temperaturen von ca. 900 °C für GaAs oder ca. 650 °C für InGaAs

3.1 Dotierverfahren

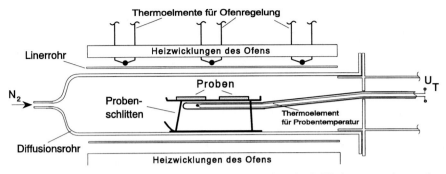

Abb. 3.1. Schematische Darstellung eines Diffusionsofens für Diffusionsprozesse aus der Feststoffquelle (nach Arnold, 1983)

(Schmitt, 1985) dringen die Dotieratome thermisch unterstützt in den Halbleiterkristall ein (Diffusion). Der Diffusionsprozeß läßt sich in 2 Abschnitten erläutern:

1.) Beschreibung des Teilchenstroms im Festkörper

Die Teilchenstromdichte J während des Diffusionsprozesses ist proportional dem negativen Konzentrationsgradienten grad N (1. Ficksches Gesetz):

$$\vec{J} = -\ddot{D} \cdot \text{grad} N \qquad (3.1)$$

$\ddot{D}$: Tensor der Diffusionskoeffizienten des Halbleiters

Die örtliche Änderung des Teilchenstromes $\vec{J}$ ist gleich der zeitlichen Abnahme der Konzentration (aus Kontinuitätsgleichung abgeleitetes 2. Ficksches Gesetz):

$$\frac{\delta N}{\delta t} = -\text{div} \vec{J} \qquad (3.2)$$

Für eine Waferoberfläche kann die Problematik auf eine Dimension entsprechend der Wafertiefe reduziert werden:

$$J_z = -D_z \cdot \frac{\delta N_z}{\delta z} \qquad (3.1b)$$

$$\frac{\delta N_z}{\delta t} = -\frac{\delta J_z}{\delta z} \qquad (3.2b)$$

Einsetzen von (3.1b) in (3.2b) ergibt:

$$\frac{\delta N_z}{\delta t} = -\frac{\delta\left(-D_z \cdot \frac{\delta N_z}{\delta z}\right)}{\delta z}$$

und für konstante Diffusionskoeffizienten

$$\frac{\delta N_z}{\delta t} = -D_z \cdot \frac{\delta^2 N_z}{\delta z^2} \tag{3.3}$$

Unter der Annahme unerschöpflicher Dotierungsquellen ergibt sich als Lösung von (3.3) die komplementäre Gaußsche Fehlerfunktion

$$N(z,t) = N_0 \cdot \text{erfc}\left(\frac{z}{2 \cdot \sqrt{D_z \cdot t}}\right)$$

$$\text{erfc}(\eta) = 1 - \frac{2}{\sqrt{\pi}} \cdot \int_0^\eta e^{-u^2} \cdot du \tag{3.4}$$

N_0: Oberflächenkonzentration $N(z = 0)$
D_z: Diffusionskoeffizient
t: Diffusionszeit

Der Nenner der Fehlerfunktion

$$2 \cdot \sqrt{D_z \cdot t} = L_D \tag{3.5}$$

wird als Diffusionslänge bezeichnet. Er vermittelt ein Maß für die Eindringtiefe des Dotierstoffes in den Halbleiter.

2.) Wechselwirkung mit dem Wirtsgitter

Das eindiffundierte Fremdatom kann

- auf einem Leerstellengitterplatz (substitionell) oder
- auf einem Zwischengitterplatz (interstitiell)

eingebaut werden (vgl. Abb. 3.2).

Die elektrische Aktivität kann dabei gänzlich unterschiedlich sein. Es können je Fremdatom Δq Ladungen, Elektronen oder Defektelektronen bereitgestellt werden. Darüberhinaus muß die Annahme $D \neq f(N)$ korrigiert werden. Diese

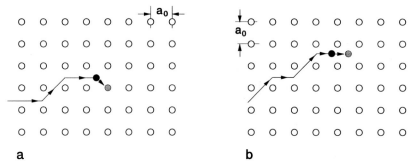

Abb. 3.2. Diffusion in Leerstellen- (**a**) und Zwischengitter-Plätze (**b**) in einem vereinfachten Kristallgitter der Gitterkonstanten a_0

3.1 Dotierverfahren

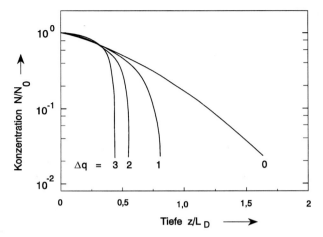

Abb. 3.3. Normierte Diffusionsprofile mit effektiver Diffusionskonstante $D = f(\Delta q)$

beiden Punkte werden durch Einführen eines effektiven Diffusionskoeffizienten (Weisberg, Blanc, 1963) berücksichtigt (vgl. Abb. 3.3):

$$D_{eff}(z) = D_0 \cdot \left(\frac{N(z)}{N_0}\right)^{\Delta q} \qquad (3.6)$$

N_0: $\quad N(z = 0)$
Δq: $\quad$ Ladungsunterschied zwischen interstitiellem und substitutionellem Einbau

Als Beispiel für die Verwendung der Diffusion in III/V-Halbleitern seien hoch dotierte p-Kontaktwannen angegeben. In Abb. 3.4 sind p-Konzentrationen durch

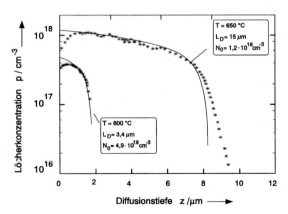

Abb. 3.4. Experimentelle Werte der Zinkdiffusion im InP-Substrat bei einer Diffusionszeit von 32 min im Vergleich zum Weisberg-Blanc Modell für $\Delta q = 2$ (nach Schmitt, 1985)

Zink-Diffusion in Indiumphosphid (InP) dargestellt. Die experimentelle Anpassung nach dem Weisberg-Blanc-Modell ergibt für $\Delta q = 2$ eine sehr gute Übereinstimmung. Die Verarmung an der Oberfläche wird durch abweichende elektrische Aktivierung im Vergleich zum Volumenmaterial erklärt.

3.1.2
Ionenimplantation

Anstatt den Dotierstoff thermisch unterstützt in den Halbleiter eindringen zu lassen, können Fremdatome in den Halbleiter implantiert werden (Ionenimplantation: I^2). Hierzu werden Dotieratome aus einer Ionenquelle durch ein elektrisches Feld von $E = 10$ keV bis einigen MeV beschleunigt und auf eine Halbleiteroberfläche gerichtet. In Abb. 3.5 ist eine I^2-Anlage schematisch dargestellt.

Nach Verlassen der Ionenquelle und Vorbeschleunigung wird die massenabhängige Ablenkung in einem Magnetfeld zum Aussortieren falscher Ionen verwendet. Die Dotierionen werden auf die gewünschte Energie beschleunigt und dann in einem elektrostatischen Feld

- ein/aus getastet und ggf. für
- selektive Implantation vergleichbar eines Elektronenstrahls einer Bildröhre gerastert.

Die letztere Technik ist in fokussierten Ionenstrahlern (Focused Ion Beam: FIB) bis zu lateralen Dimensionen der Strahlkontrolle von 20 nm (Hiramoto, 1988)

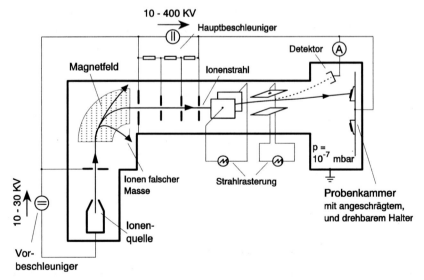

Abb 3.5. Schematische Darstellung einer Ionenimplantationsanlage (nach Beneking, 1991)

hochgezüchtet worden. Das Eindringen und die spätere elektrische aktive Einlagerung der Ionen in den Festkörper ist ein stochastischer Prozeß, der das Abbremsen und das Verteilen der Ionen durch die Coulomb-Streuung zur Grundlage hat. Die hierfür verwendete Theorie wurde von Lindhard, Scharff und Schiott (LSS-Theorie, 1963) entwickelt. Die Konzentration N(z) läßt sich hiernach durch eine Gauß-Verteilung angeben:

$$N(z) = \frac{G_0}{\Delta R_P \cdot \sqrt{2 \cdot \pi}} \cdot \exp\left\{-\frac{(z - R_p)^2}{2 \cdot \Delta R_P^2}\right\} \quad (3.7)$$

G_0: Dosis (Atome cm^{-2})
R_p: Eindringtiefe (projected range) $N(z = R_p) = N_{max}$
ΔR_p: Standardabweichung für Gauß-Verteilung, hier $\Delta R_p \approx 0{,}4 \cdot R_p$

Die Werte für R_p und ΔR_p sind beschleunigungs- und materialabhängig. Am Beispiel der Siliziumimplantation in GaAs ist die Zunahme der Eindringtiefe mit höherer Implantationsenergie in Tabelle 3.1 sowie grafisch in Abb. 3.6 dargestellt.

Steile Profile mit hohem Oberflächenwert werden durch Mehrfachimplantation

Tabelle 3.1. Mittlere Eindringtiefe Rp und Standardabweichung ΔRp für Ionenimplantation von Si in GaAs (Kellner, Kniepkamp, 1984)

	Eindringtiefe					Einheit
Energie	50	100	200	300	400	keV
R_p	42,4	85,0	173,9	263,2	350,7	nm
ΔR_p	25,4	44,2	75,3	100,3	121,0	nm

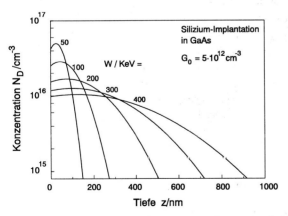

Abb. 3.6. Theoretische Dotierprofile für Silizium in GaAs nach dem LSS-Modell für die Werte aus Tabelle 3.1

erzielt. Die Verschiebung des Konzentrationsmaximums an die Oberfläche kann durch Abdeckung der Halbleiteroberfläche (z.B. AlN) erreicht werden, die nach der I^2-Behandlung entfernt wird.

Das Eindringen der beschleunigten Ionen ist nicht für alle Kristallrichtungen gleich. Entlang der Kanten des kubisch-flächenzentrierten Gitters können sie besonders einfach eindringen („channeling"-Effekt). Die Übertragung des für amorphe Halbleiter entworfenen LSS-Modells auf einkristalline Halbleiter gilt dann nicht mehr. In der Praxis wird die Einfallsebene der Ionen gegen die (100)-Richtung der Substrate gekippt (vgl. Abb.3.5). Nach der I^2-Behandlung ist

- der Kristall stark geschädigt und
- nur ein Bruchteil der implantierten Ionen elektrisch aktiv.

Es ist ein anschließendes thermisches Ausheilen des Gitters und eine Erhöhung des elektrischen Aktivierungsgrades (bis ca. 80 %) erforderlich. Diese thermische Behandlung wird als Annealing (Ausglühen,Tempern) bezeichnet. In der thermischen Ausführung für III/V-Halbleiter ist wiederum zu beachten, daß die gewählten Temperaturen oberhalb der Abdampftemperatur der flüchtigeren V-er Komponente liegt. Es wird daher unter Gegendruck der V-er Komponente oder mit Feststoffabdeckung (z.B. Si_3N_4) gearbeitet. Die Zeit des Legierungsvorganges wird so kurz wie möglich gehalten. Bewährt haben sich Rapid Thermal Anneal Verfahren (RTA) mit Strahlungsheizern. Mit einer Aufheizgeschwindigkeit von ca. 250 °C/s wird die erforderliche Ausheiztemperatur (für GaAs 800 -900 °C) im Bereich von Sekunden aufrechterhalten.

3.2
Epitaxie

In der Halbleitertechnik werden Epitaxieverfahren zur Abscheidung einkristalliner Schichten auf flächigen Substraten eingesetzt. Das Wort Epitaxie leitet sich aus dem Griechischen ab (epi: auf, über/taxis: Ordnung) und bedeutet, daß die aufgebrachte Schicht die Ordnung des darunter liegenden Trägers annimmt. Hier werden nur Schichten auf III/V-Halbleitersubstraten betrachtet, d.h. die Schicht hat das Zinkblende Gitter. Ionenimplantation und Diffusion können ein bestehendes Kristallgitter lediglich durch Dotierung in seiner Leitfähigkeit gemäß eines vorgegebenen Profils beeinflussen. Die Epitaxie läßt alle Freiheitsgrade, da der Kristall während seines Wachstums bezüglich

- Dicke,
- Dotierung (n, p)
- und Zusammensetzung (Mischkristalle, Heterostrukturen)

beliebig häufig und atomar abrupt geändert werden kann.

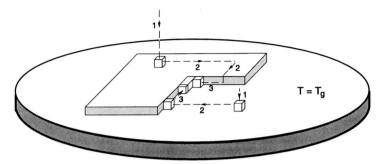

Abb. 3.7. Geordnete Kondensation auf einer aufgeheizten Substratoberfläche: Adhäsion auf der glatten Oberfläche (**1**) hohe Beweglichkeit bis Erreichen einer Kante (**2**) Bewegung entlang einer Kante bis zur Endposition in einer Ecke (**3**)

Das Grundprinzip der Epitaxie ist die geordnete Kondensation der Quellenmaterialien auf der aufgeheizten Substratoberfläche (vgl. Abb. 3.7). Ein Atom adsorbiert an der Oberfläche des Substrates (1). Die Substrattemperatur ist derart eingestellt, daß das Atom sich auf der Substratoberfläche bewegen kann (2) bis es an einer Kante (3) anlagert. Je größer die Anzahl der Kanten, je höher die Wahrscheinlichkeit des „Anhaftens" an diesem Ort. Hierdurch wird ein zweidimensionales Wachstum, Atomlage für Atomlage- ermöglicht.

In der Epitaxie von III/V-Halbleitern tritt das additive Problem auf, daß zwei unterschiedliche Subgitter berücksichtigt werden müssen und daß der Dampfdruck der Gruppe III- und Gruppe V- Elemente stark unterschiedlich ist. Dies

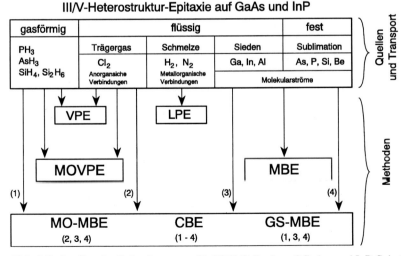

Abb. 3.8. Quellen der Epitaxiesysteme für III/V-Epitaxie auf GaAs- und InP-Substraten

führt dazu, daß die im Abschn. 3.2.2 und 3.2.3 beschriebenen Verfahren unter Gruppe V-Überdruck arbeiten (vgl. Kristallzucht). Die in Abb. 3.7 dargestellte Oberflächenbewegung gilt daher zunächst für Gruppe-III Atome, wobei die freie Oberfläche gasförmig Gruppe-V stabilisiert ist oder sich unter einer flüssigen Abdeckung befindet.

Die Einteilung der Epitaxieverfahren erfolgt nach den Quellenarten, wie in Abb. 3.8 angegeben. Verfügbarkeit, Reinheit, Steuerbarkeit, Handhabung (Toxizität) und Stabilität der Quellenmedien bestimmen die Vor- und Nachteile der mit ihnen gespeisten Epitaxieverfahren.

3.2.1
Flüssigphasenepitaxie (Liquid Phase Epitaxie, LPE)

Das LPE-Verfahren für III/V-Verbindungen ist in der Grundstruktur in Abb. 3.9 für GaAs angegeben. Mono- oder polykristallines GaAs wird in einem geeigneten Lösungsmittel (Ga) bis zur Sättigungsgrenze der Temperatur T_S gelöst (s. hierzu Münch 1982). Durch Kippen (oder in anderen Vorrichtungen 90° Drehen) wird die Schmelze auf die GaAs Substratoberfläche aufgebracht. Die Temperatur der Schmelze wird mit konstanter Geschwindigkeit abgesenkt. Die Löslichkeitsgrenze des GaAs der Lösung wird unterschritten, so daß das GaAs auf der Substrat-

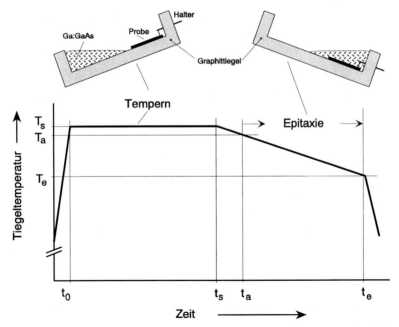

Abb. 3.9. Flüssigphasenepitaxie nach Nelson: Verfahren und zeitlicher Ablauf (nach Kaufmann, 1976)

oberfläche kontinuierlich kondensiert. Der Kristall wächst gemäß der Ordnung des Substrates. Der große Vorteil dieses Verfahrens ist die Einhaltung des thermodynamischen Gleichgewichtes (Aufwachsen des Kristalls $\hat{=}$ Absenkung der Löslichkeit im Ga). Es entstehen hierdurch hochperfekte Kristalle mit sehr guten Werten für die Beweglichkeit der Ladungsträger im Kristall. In der großtechnischen Ausnutzung werden ca. 100 Substrate gleichzeitig im Tauchverfahren mit Epitaxieschichten für pn-Leuchtdioden versehen. Auch Heterostrukturen sind durch sukzessive Verwendung unterschiedlicher Schmelzen möglich. Die Grenzflächeneigenschaften zwischen zwei Materialien und ebenfalls die Dotierprofilschärfen erreichen jedoch keine atomare Auflösung.

3.2.2
Molekularstrahlepitaxie

Die Molekularstrahlepitaxie ist eine Methode, die das Wachstum einkristalliner Schichten fern des thermodynamischen Gleichgewichtes an der Wachstumsgrenze bei sehr niedrigem Basisdruck im Reaktor ermöglicht. Die Arbeiten zur Molekularstrahlepitaxie (Molecular-Beam-Epitaxy: MBE) begannen mit dem Studium der Wechselwirkung zwischen Ga- und As-Atomen auf einer GaAs-Oberfläche im Ultrahochvakuum (Arthur 1968, Cho 1970) bei einem Basisdruck von ca. 10^{-11} mbar. Zeitgleich wurden insbesondere von Esaki und Tsu (1970) physikalische Voraussagen über Materialsysteme getroffen, deren Dicke bzw. Abruptheit des Überganges kleiner als die De Broglie - Wellenlänge (ca. 25 nm für GaAs) ist:

- Quantisierung elektronischer Eigenschaften,
- künstliche Legierungshalbleiter durch periodische Modulation der Zusammensetzung der Einzelschichten ($x \cdot AlAs + (1-x) \cdot GaAs = Al_xGa_{1-x}As$),
- Beweglichkeitsgewinn in hochreinen Schichten mit hoher Ladungsträgerkonzentration.

Die Molekularstrahlepitaxie öffnete das Tor zur technologischen Realisierung all dieser Effekte und zu deren Umsetzung in Bauelemente in den späten 70er und in den 80er Jahren.

3.2.2.1
Grundzüge des MBE-Wachstumsprozesses

Das MBE-Kristallwachstum erfolgt in einer Ultrahochvakuumkammer ($p < 10^{-10}$ mbar). Das Substrat wird vor dem Einbau einem naßchemischen Reinigungsverfahren unterzogen, dessen letzter Schritt ist ein kontrolliertes Aufwachsen einer wenige Zehntel Nanometer dicken Oxidhaut entweder in ruhendem Wasser oder durch UV-Oxidation.

Dieser Schritt wird in zunehmendem Maße bereits vom Substrathersteller durchgeführt, so daß der Wafer direkt aus der Reinraumverpackung eingeschleußt

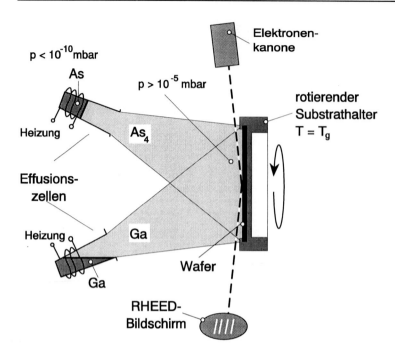

Abb. 3.10. „Aufdampfprozeß" der Moleküle aus Effusionsquellen auf das aufgeheizte Substrat (nach Ploog, 1990)

werden kann. In einer Vorkammer wird er einer Temperung unterzogen (T = 150 - 250 °C), wobei die Restfeuchte abdampft. Über Transferstangen wird das Substrat auf den Substrathalter (CAR, continous azimuthal rotation) in der Wachstumskammer aufgesetzt. Die Oxidschicht an der Oberfläche wird durch Abheizen im Ultrahochvakuum entfernt. Die für das Wachstum benötigten Materialien (für III/V-Halbleiter meist In, Al, Ga, As, Si, Be) liegen als elementare Materialien höchster Reinheit in Effusionszellen aus Bornitrid-Keramik vor. Aus diesen Zellen werden die Materialien verdampft (vgl. Abb. 3.10) und auf dem auf Wachstumstemperatur aufgeheizten Substrat abgeschieden.

In Abb. 3.11 ist die Theorie der Kinetik des As-Einbaus ins Kristallgitter dargestellt, wie sie von Foxon und Joyce entwickelt wurde. Aus einer Arsen-Feststoffzelle sublimieren bei ca. 200 - 300 °C As_4-Moleküle. In Analogie zur Abb. 3.7 adsorbieren die Moleküle auf der aufgeheizten GaAs Substratoberfläche. Je zwei As_4-Moleküle lagern sich an benachbarte Gallium-Oberflächenatome an. Es erfolgt eine Aufspaltung beider As_4-Moleküle unter Einbau von vier As-Atomen. Die restlichen vier As-Atome bilden ein neues As_4-Molekül und desorbieren. Es werden daher maximal die Hälfte der adsorbierten As_4-Quellmoleküle eingebaut; der maximale Haftkoeffizient (sticking coefficient) ist 0,5.

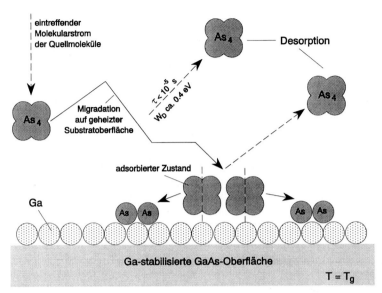

Abb. 3.11. Mehrstufiger Wachstumsprozeß für GaAs mittels einer As$_4$-Quelle (nach Foxon, 1983)

Während des Wachstums in der MBE muß zur Stabilisierung der Oberfläche ein hoher As-Partialdruck herrschen, so daß As im Überschuß angeboten wird. Bei den verwendeten Wachstumstemperaturen ist der Haftungskoeffizient des Gruppe-III Elements auf der Wachstumsoberfläche gleich 1; d.h., das gesamte III-er Angebot wird an der Oberfläche eingebaut. Die Stöchiometrie des Halbleiters (Gruppe-III/Gruppe-V = 1) wird dadurch gewahrt, daß überschüssiges As wegen seines hohen Dampfdruckes wieder von der Oberfläche abdampft. Über diesen Vorgang wird die Wachstumsgeschwindigkeit ausschließlich über den Gruppe-III Fluß einstellbar (typisch 1 μm/h). Zur Bestimmung des Gruppe-III Flusses wird der zum Molekularstrahl äquivalente Totaldruck in der Kammer bestimmt. Unter Abschattung aller sonstiger Quellen, wird der Totaldruck in der Kammer am Ort des Substrates mit einer Ionisationsmeßröhre als Funktion der Gruppe-III Zellentemperatur bestimmt und mit hinreichender Genauigkeit dem zu bestimmenden Zellenmolekularstrom zugeordnet.

Entstehung von RHEED-Beugungsmustern

Zur Beobachtung des Nukleationsprozesses (vgl. Abb.3.7) und zur Wachstumskontrolle kann in MBE-Anlagen die RHEED (Reflected High Energy Electron Diffraction)-Methode eingesetzt werden. Ein RHEED-System besteht prinzipiell aus einer Kombination von Elektronenkanone, Elektronenoptik und Fluoreszenzschirm (vgl. Abb. 3.10). Ein gebündelter Elektronenstrahl wird mit einer Energie von 1 - 50 keV) unter einem Einfallswinkel von 1 - 2° auf die Oberfläche des Substrates fokussiert und dort elastisch gebeugt (vgl. Abb. 3.12).

Das Beugungsmuster auf dem Fluoreszenzschirm ist eine direkte Abbildung des reziproken Gitters der Kristalloberfläche. Unter reziprokem Gitter versteht man allgemein ein Punktgitter im Impulsraum (k-Raum). Im eindimensionalen Fall gilt $k = 2\pi/a$, wobei a der Gitterkonstante des realen Kristalls entspricht (vgl. Kittel, 1973). Die Normalkomponente des einfallenden Elektronenstrahls besitzt eine kinetische Energie im Bereich 30 ... 150 eV. Die damit verbundene Eindringtiefe der Elektronen wird so auf 1-2 Atomlagen begrenzt (Cho, 1985), so daß Beugung nur durch das Oberflächengitter verursacht wird. Aufgrund von Oberflächen-Rekonstruktionen (Ludeke, 1985) weisen die Kristalloberflächen eine andere Gitterperiodizität als das darunterliegende Bulk-Material auf. Dabei ist die Größe der Oberflächen-Einheitszellen um den Faktor (m*n) größer gegenüber denen des Bulk-Materiales. Entsprechend werden derartige Oberflächen als (m*n)-rekonstruierte Oberflächen bezeichnet. Die vorliegende Oberflächenrekonstruktion kann mit Hilfe des RHEED-Beugungsmusters ermittelt werden.

Die auf dem RHEED-Monitor sichtbaren Muster stellen die k-Vektoren der gestreuten Elektronen dar. Aufgrund elastischer Streuung erfahren die Elektronen

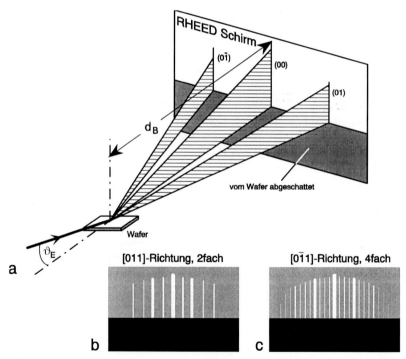

Abb. 3.12. RHEED-Beugungsmuster: Verlauf des Strahlenganges in der MBE-Wachstumskammer (**a**), Beugungsmuster der GaAs-Oberfläche in der für Wachstumsbedingungen typischen 2*4-Oberflächenrekonstruktion (**b**)

mit dem Impuls $p = k \cdot h/2\Pi$ beim Durchlaufen der Oberflächenschicht keinen wesentlichen Energieverlust, sondern lediglich eine Richtungsänderung. Folglich sind deren k-Vektoren betragsmäßig gleich den konstanten k-Vektoren der ungestreuten Elektronen, und liegen somit auf einer Kugeloberfläche im k-Raum (Ewald-Kugel, vgl. auch Kittel, 1973). Bei ebenen Proben-Oberflächen „sehen" die Elektronen in Normalenrichtung zur Oberfläche hauptsächlich die oberste Atomlage. Die Streuung der Elektronen ist daher kontinuierlich (Spiegelung). Parallel zur Oberflächenebene wechselwirkt die Elektronenwelle mit dem 2-dimensionalen Gitter gebildet aus den Oberflächenatomen. Es ergibt sich durch die Bragg-Bedingung an der periodischen Anordnung der Oberfläche ein diskretes Beugungsmuster. Insgesamt erhält man so auf dem RHEED-Schirm ein Streifenmuster, welches Informationen über das reziproke Gitter in einer bestimmten Richtung wiedergibt. Durch Drehung der Probe sind weitere Richtungen des reziproken Gitters analysierbar. Somit kann die (m*n)-Struktur der rekonstruierten Oberfläche bestimmt werden. Bei rauhen Oberflächen reicht die Eindringtiefe der Elektronen in tiefere Atomlagen hinein. Die Elektronen werden nun auch an tieferen Atomlagen gebeugt und das Streifenmuster geht in ein Punktemuster über. Weiterhin ist die Unterscheidung zwischen amorphen und einkristallinen Oberflächen anhand von Symmetrie-Betrachungen der Beugungs-Muster in einfacher Weise möglich. So kann die amorphe Oxidhaut auf dem Wafer identifiziert werden.

Entstehung von RHEED-Oszillationen

Wird während des Epitaxieprozesses (hier am Beispiel von GaAs) das RHEED-Beugungsmuster aufgenommen, kann eine zeitliche Intensitätsoszillation beobachtet werden, die mit dem Monolagen-Wachstum direkt korreliert ist (Abb. 3.13, 3.14). Unter Gruppe-V Überschuß ist nur die Belegung mit Ga-Atomen beobachtbar. Die folgende As-Atomlage bildet sich sofort und führt zur As-stabilisierten Oberfläche. Die kleinste beobachtbare Schichtdicke ist daher eine Monolage Ga-As entsprechend der halben Gitterkonstanten des Zinkblendegitters. Vor Beobachtungsbeginn ist die Oxidhaut abgeheizt worden und die Substratoberfläche hat sich nach Wachstum einer dünnen GaAs-Schicht im Gruppe-V Überangebot (As) auf maximale Glattheit geordnet. Das Wachstum beginnt jetzt durch Öffnen des Gruppe-III Shutters (Ga).

Die Intensität des gebeugten Elektronenstrahls wird als proportional zur Oberflächenrauhigkeit der Proben angenommen. Diese Rauhigkeit wird im Bild des Monolagenwachstums durch zunehmende Ausfüllung einer Monolage während des Wachstums erzeugt. So ergibt sich während des Wachstums eine Intensitäts-Oszillation des RHEED-Musters in Abhängigkeit von der Oberflächenrauhigkeit der Probe (vgl. Abb. 3.13). Dabei wird angenommen, daß die Intensität bei einer glatten Probenoberfläche ein relatives Maximum, und bei 50 % iger Monolagenbelegung ein relatives Minimum durchläuft. Somit ist man in der Lage, das atomare Schichtwachstum mit Hilfe der RHEED-Oszillationen von Monolage zu Monolage zu verfolgen. Die m*n Oberflächenrekonstruktion bedingt, daß die

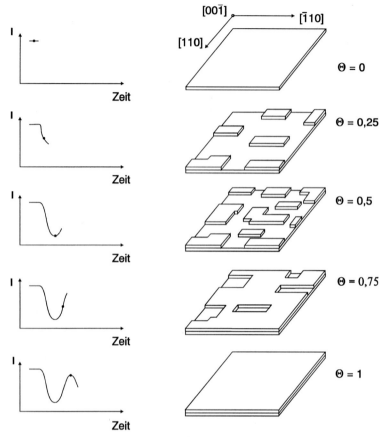

Abb. 3.13. Zeitlicher Ablauf der RHEED-Oszillationen in Abhängigkeit der Schichtbelegung mit einer Monolage GaAs (nach Ludeke, 1985)

Intensität und die Amplitude der Oszillationen von der Orientierung des einfallenden Primär-Elektronenstrahls zur Orientierung der „Insel"-Ausbreitung abhängt.

Setzt man anhand von Abb. 3.13 eine Vorzugsrichtung des Anlagerungs-Wachstums in [$\bar{1}$00]-Richtung voraus, so wird klar, daß eine Modulation des Elektronenstrahls in [$\bar{1}$00]-Einfallsrichtung maximal wird. Deshalb ist die Oszillation bei einer solchen Orientierung des Primär-Elekronenstrahles bei schwachen Amplituden besser erkennbar im Vergleich zu anderen Orientierungen (Ludeke, 1985). Weiterhin kann daher während des Beobachtungszeitraums keine Rotation des Wafers zugelassen werden.

Bei Θ = 1 ist eine Monolage abgeschieden. Die Intensität I(Θ) ist proportional zur Glattheit der Oberfläche. Dieser Prozeß wiederholt sich und ist in Abb. 3.14 für einen längeren Zeitraum dargestellt.

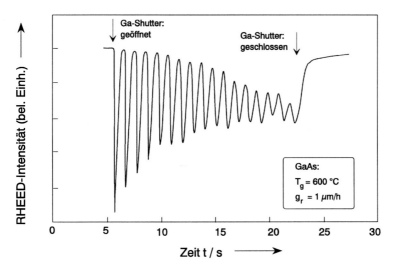

Abb. 3.14. Intensitätsoszillationen des Zentralpunktes des RHEED-Beugungsmuster am Beispiel einer As-rekonstruierten GaAs-Oberfläche in [$0\bar{1}1$]-Richtung (nach Kraus, 1994)

Die Amplituden nehmen mit der Zeit asymptotisch ab; d.h. es tritt im stationären Wachstumsprozeß neben dem Monolagenwachstum Inselwachstum auf höheren Lagen auf. Wird jedoch das Wachstum durch Schließen der Gruppe-III Zellen (Ga-Shutter geschlossen) unterbrochen, ordnen sich die Atome wieder großflächig in einer Monolage an. Die Intensität kehrt auf ihr ursprüngliches Maximum zurück.

Die Wachstumsrate g_r kann aus der RHEED-Oszillationsfrequenz f und der Monolagendicke $a_0/2$ abgeleitet werden:

$$g_r = f \cdot \frac{a_0}{2} \tag{3.8}$$

Bei (100) orientierten GaAs-Substraten ist a_0 die GaAs-Zinkblende-Gitterkonstante ($a_0 = 0{,}565$ nm). Setzt man obige Beziehung in eine Größengleichung um, so ergibt sich

$$g_r = 1{,}0177 \mu m \cdot f[Hz] \cdot \left[\frac{\mu m}{h}\right]. \tag{3.9}$$

Im Falle eines epitaktischen Wachstums in einer anderen als der (100)-Richtung muß ein Korrekturfaktor eingeführt werden, der die Abhängigkeit der Gitterperiodizität von der Kristallrichtung berücksichtigt.

3.2.2.2
Methodische Anwendungsbeispiele

1) Quantenbrunnen

Ideale Quantenbrunnen (**Q**uantum **w**ell, QW) stellen einen Potentialtopf mit endlich hohen Wänden dar. In diesem Topf bilden sich quasi diskrete Zustände aus, wenn die Dicke der Töpfe geringer ist als die De Broglie Wellenlänge. Dieser Potentialtopf kann durch die Energiebandstruktur von GaAs (Topf) und AlGaAs (Wände, Barrieren) nachgebildet werden. Die Topfdicke ist sehr gering und kann durch ein ganzzahliges Vielfaches der halben Gitterkonstante (= 1 Monolage) des Zinkblende-Bausteins angebeben werden. Die Grenzflächenschärfe und Monolagenglattheit kann über

- die Wachstumstemperatur
- das V/III-Verhältnis und
- die Wachstumspausen für den Glättungseffekt

gesteuert werden.

Abbildung 3.15a zeigt einen GaAs-QW mit rauhen Wänden, d.h. die Wachstumstemperatur war niedrig und die Wachstumspause zwischen dem GaAs und dem AlGaAs Wachstum kurz. Sehr großflächige Monolageninseln können durch Rekombinationsspektren mit auflösbaren Peaks nachgewiesen werden (vgl. Abb. 3.15). Im praktischen Fall ist die AlGaAs-Oberfläche wegen der niedrigeren Oberflächenbeweglichkeit des Al im Vergleich zum Ga die kritische, die die Rauhigkeit des QW bestimmt.

In Abb. 3.16 sind die Photolumineszenzspektren von MBE gewachsenen

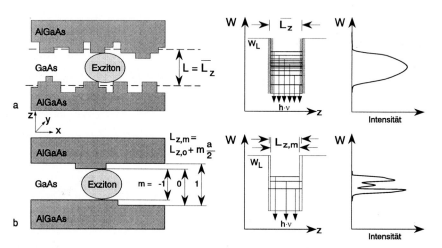

Abb. 3.15. GaAs-QW in AlGaAs-Barrieren: Grenzflächenrauhigkeit, zugehörige Ausbildung von Subbandniveaus und die entsprechenden Rekombinationsspektren für „rauhe" Wände (**a**) und „glatte" Wände (**b**) (nach Bimberg u.a., 1986)

3.2 Epitaxie

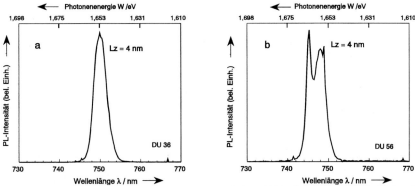

Abb. 3.16. Rekombinationsspektren von 4 nm dicken QW, die mit unterschiedlicher Substrat-Temperatur T_g und Wachstumspause t_P erstellt wurden (Kraus, 1994): $T_g = 620\ °C$, $t_P = 5\ s$ (**a**), $T_g = 640\ °C$, $t_P = 15\ s$ (**b**)

Quantentopfstrukturen des Typs $Al_xGa_{1-x}As/GaAs/Al_xGa_{1-x}As$ mit 4 nm dicken GaAs Töpfen abgebildet. Die Quantentöpfe emittieren ein Spektrum gemäß Abb. 3.15, wobei die Wellenlänge durch die Dicke des Quantentopfes bestimmt ist (vgl. Abschn. 4.1).

Durch Variation der Wachstumstemperatur und der Wachstumspause konnten unterschiedlich abrupte Grenzfächen erstellt werden. In Abb. 3.16a sind die Spektren mit rauheren Grenzflächen abgebildet. Die Peaks sind relativ breit und weisen keine Aufsplittung auf. Erst durch Erhöhung der Wachstumstemperatur und Verlängerung der Wachstumspause konnten schmale Peaks mit Monolagen-Aufspaltung gemäß Abb. 3.15b für die Quantentöpfe mit 2 und 4 nm Dicke experimentell nachgewiesen werden (vgl. Abb. 3.16b)

2) Homogenität als Funktion der Umdrehungszahl des Wafers

Während des Kristallwachstums in der MBE rotiert der Wafer. Für dünne Schichtpakete wie Quantenbrunnen muß die Rotationsgeschwindigkeit an die Wachstumsrate angepaßt werden.

$$g_r = \frac{n \cdot \frac{a_0}{2}}{t_R} \qquad (3.10)$$

n: Anzahl Monolagen GaAs
t_R: Rotationszeit
$a_0/2$: Dicke einer Monolage GaAs

Während der Rotationszeit t_R wachsen n Monolagen GaAs mit der Wachstumsrate g_r. Bei einer Wachstumsrate von $g_r = 1\ \mu m/h$ folgt somit für n = 4 Monolagen je Umdrehung:

$$t_R = \frac{4 \cdot \frac{a_0}{2}}{1\ \mu m/h} = \frac{4 \cdot 0{,}565\ nm \cdot 0{,}5 \cdot 3600\ s}{1000\ nm}$$
$$= 4{,}07\ s$$

In Abb. 3.17 ist der Einfluß der Umdrehungszahl auf die laterale Homogenität der Emissionswellenlänge eines Quantenbrunnens aus 4 Monolagen GaAs (d = 1 nm) dargestellt. Aus der Variation der Energie

$$\Delta W = W(x) - W(x=0)$$

kann auf die Homogenität des Wachstums bzgl. Dicke und Zusammensetzung der Halbleiterschicht über dem Wafer geschlossen werden. In Abb. 3.17 sind zunächst die PL-Emissionen eines AlGaAs/GaAs Quantum-Wells mit 4 Monolagen GaAs dargestellt.

Ist die Rotation des Wafers nicht an die Wachstumsrate angepaßt, z.B. nur 1/3 Umdrehung während des Wachstums des Quantenbrunnens, so steigt die Emissionsenergie stetig entlang einer Waferachse x über den ganzen 2"-Wafer um mehr als 12 meV (vgl. Abb. 3.17). Die Inhomogenität des Ga-Flusses führt entlang dieser Achse zu einer Dickenabnahme des GaAs-Quantentopfes entsprechend einer Zunahme der Emissionsenergie. Bei einer ganzen Umdrehung beträgt die Variation nur noch ca. 2 meV. Die Inhomogenität des Ga-Flusses wird ausgemittelt. Wird der Quantenbrunnen aus ternärem InGaAs hergestellt (vgl. unterste Kurve in Abb. 3.17), so ist auch für Rotationsanpassung eine höhere Abweichung erkennbar, da sowohl Mischungsverhältnis- wie Schichtdickeninhomogenitäten auf die Emissionsenergie wirken.

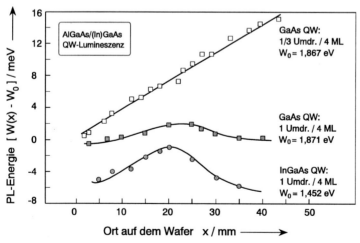

Abb. 3.17. Energie der Quantentopfemission aus PL-Messungen als Funktion des Ortes auf dem Wafer. Binäre GaAs Quantentöpfe mit angepaßter Rotationsgeschwindigkeit (1 Umdrehung je 4 Monolagen GaAs) zeigen die geringste Abweichung (nach Kraus, 1994)

3) Dotierung

Das Wachstum in der MBE findet unter Überschußangebot und Überdruck der Gruppe-V statt; Fremdatome geringer Konzentration zur Dotierung werden daher bevorzugt auf einem Gruppe-III Platz eingebaut. N-Dotierungen werden mit dem aus fester Quelle verdampften vierwertigen Silizium erzeugt. Bei Silizium-Quelltemperaturen von bis zu 1400 °C sind Dotierungen in GaAs bis 10^{19} cm^{-3} mit sehr niedriger Aktivierungsenergie möglich. Oberhalb dieses Wertes wird wegen der relativ kleinen Zustandsdichte des Leitungsbandes das Γ-Minimum so hoch aufgefüllt, daß weiteres Silizium dem dann günstigeren Nebenminimum zugeordnet wird und im Kristall als „tiefe" Störstelle vorliegt.

Als p-Typ sind höhere Dotierungen möglich, da das Valenzband eine höhere Zustandsdichte besitzt. Hierzu wird meist das zweiwertige Beryllium verwendet ($p_{max} = 10^{20}$ cm^{-3}). Beryllium ist hoch toxisch und erfordert daher einen äußerst sorgsamen Umgang. Weiterhin besitzt es eine relativ hohe Diffusionskonstante, die jedoch erheblich geringer ist als z.B. die von Mangan und Zink, die als weitere Alternativen in Betracht kommen. Die relativ schwache Bindung zwischen Be-As legt die Verwendung von vierwertigen Atomen auf Gruppe-V Plätzen nahe.

Der vierwertige Kohlenstoff wird durch thermisches Verdampfen aus einem Gaphitfilament erzeugt und auf einem Gruppe-V Platz als Akzeptor eingebaut. Da jedoch mit Gruppe-V Überschuß gewachsen wird, sind spezielle Wachstumsbedingungen erforderlich, damit die höchste Konzentrationen von $1 \cdot 10^{20}$ cm^{-3} erreicht wird. Diese Konzentration ist äußerst ortsfest und findet in Strukturen mit abrupten pn-Übergängen Anwendung (p-Basis in npn-Heterobipolartransistoren). Leider sind die Bindungsenergien C-Al, C-Ga, C-In sehr unterschiedlich. So ist

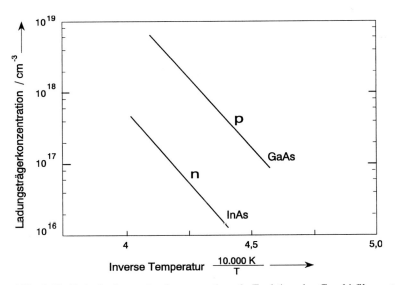

Abb. 3.18. Freie Ladungsträgerkonzentration als Funktion der Graphitfilamenttemperatur zur Dotierung von GaAs (p-Typ) und InAs (n-Typ) mit Kohlenstoff (nach Ito, 1991)

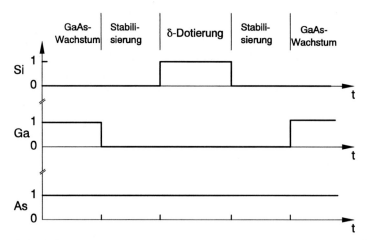

Abb. 3.19. Shutterposition als Funktion der Zeit für den Einbau einer δ - Dotierung in GaAs (0: Shutter zu 1: Shutter auf)

insbesondere die C-In-Bindung sehr schwach, so daß der Kohlenstoff im In(Ga)As auch bei sehr geringem Gruppe-V Überschuß nicht vollständig auf dem Gruppe-V Platz eingebaut wird (amphoteres Verhalten). Daraus folgt, daß $In_yGa_{1-y}As$ für y = 1 mit Kohlenstoff n-dotiert ist während es für y = 0 wegen der starken Ga-C-Bindung p-dotiert ist (vgl. Abb. 3.18).

Wachstumsunterbrechungen in der MBE werden durch Schließen der Gruppe-III Shutter erzeugt. Unter As-Überschuß bildet sich eine As-stabilisierte Oberfläche, auf der nur noch Gruppe-III Elemente haften. Werden einer solchen Oberfläche Gruppe-IV oder Gruppe-II Elemente angeboten, werden diese als Donator (IV) oder Akzeptor (II) auf einem Gruppe-III Platz eingebaut.

Mit dieser Technik können ultradünne „Dotierungsmonolagen" oder „δ"-Dotierungen eingebaut werden. Nach Belegung mit der Dotierung wird durch erneutes Öffnen des Gruppe-III Shutters das Wachstum des undotierten Wirtsgitters fortgesetzt (vgl. Abb. 3.19). Die „δ"-Dotierungstechnik wird für Si-dotierte III/V-Halbleiter, insbesondere GaAs, sehr gut beherrscht. Die physikalischen Grenzen der maximalen Dotierung bleiben im wesentlichen erhalten und können auf die Dimensionen einer Monolage umgerechnet werden. Je Monolage kann eine maximale Schichtkonzentration $n_{s,max}$ eingebaut werden:

$$n_{s,max} = \frac{a_0}{2} \cdot N_{D,max} \qquad (3.11)$$

$N_{D,max}$: maximale Volumendotierung
$a_0/2$: ganze Monolage des Wirtsgitters

Für Si in GaAs wurde ein $N_{D,max}$ von ca $8 \cdot 10^{18}$ cm^{-3} bestimmt, woraus sich eine maximale Monolagenkonzentration von $n_{s,max} = 2,3 \cdot 10^{11}$ cm^{-2} berechnet. Wird

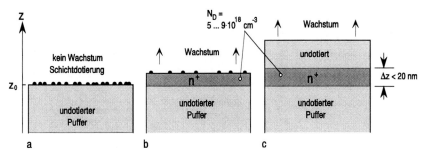

Abb. 3.20. Modell der endlichen Ausdehnung von δ - Dotierschichten: Nach der Schichtdotierung (**a**) wird in die nominell undotierten Folgeschichten bis zur Maximalkonzentration der Dotierstoff eingebaut (**b**) und nach unterschreiten der Maximalkonzentration undotiert weitergewachsen (**c**) (nach Zrenner, 1987)

eine höhere Belegung der Oberfläche eingestellt, verschmiert sich der Dotierstoff über die folgenden Schichten (vgl. Abb. 3.20).

3.2.2.2
Apparativer Aufbau der MBE-Anlage

MBE-Anlagen sind komplexe Systeme zur Erzeugung von Hochvakuumbedingungen und zur Bereitstellung von definierten und zeitlich stabilen Molekularströmen. In diesem Abschnitt werden exemplarisch einige Subsysteme detaillierter dargestellt. In Abb. 3.21 ist zunächst eine Anlagenübersicht gegeben. die dort ausgewiesene Nummerierung wir im folgenden zur Erläuterung verwendet. Die Anlage besteht zunächst aus 4 Kammern, Schleuse (1-5), Ausheizkammer (6), Hilfskammer und Wachstumskammer (8). Die Hilfskammer auf der linken Seite der Anlage kann zum Ausschleusen unter Vakuum verwendet werden. Die Kammern sind aus speziellem Edelstahl (L316, USA-Norm) gefertigt, dessen Oberfläche durch Glasperlenstrahlen und Elektropolieren so glatt und damit so klein wie möglich gemacht wurde. Die Kammern sind über große Plattenventile (7) voneinander getrennt und werden separat abgepumpt, um die Schleusenfunktion zu gewährleisten. Dadurch können die Wafer in die Schleuse (1) eingeführt werden, ohne das Hauptvakuum der Anlage zu brechen. Sie werden auf Substratwagen (4) gesetzt und magnetisch auf Schienen zu den Transferstangen (3) geführt. Dort werden sie zur Ausheizstation (6) und schließlich in die Wachstumskammer (8) transportiert. Die Effusionszellen (9) sind am hinteren Teil der Wachstumskammer auf einem großen Quellenflansch montiert und auf die Position des Wafers auf dem Probenhalter (CAR: *c*ontinuous *a*zimuthal *r*otation) in der Mitte der Wachstumskammer ausgerichtet.

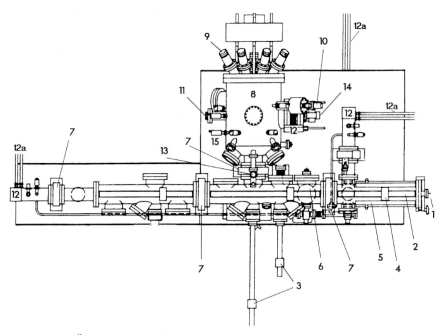

Abb. 3.21. Übersichtsdarstellung der VARIAN-GEN-II MBE-Anlage in Duisburg: **(1)** Schleuse, **(2)** Transferschienen für Substratwagen, **(3)** Transferstangen für Einzelwafer, **(4)** Substratwagen (Trolley), **(5)** Vorheizkammer, **(6)** Ausheizstation, **(7)** Plattenventile, **(8)** Wachstumskammer, **(9)** Effusionszellen, **(10)** RHEED-Kanone, **(11)** RHEED-Schirm, **(12)** Kryopumpen, **(12a)** Heliumdruckleitungen zum Kompressor, **(13)** LN$_2$-Zufuhr, **(14)** Steuerung Probenhalter, **(15)** Quadrupolmeßkopf

Das Vakuumsystem

MBE-Anlagen werden mit einer Vielzahl von Pumpensystemen ausgestattet, um den Druckunterschied vom Atmosphärendruck (10^3 mbar) bis hinab zum Ultrahochvakuum von 10^{-11} mbar bereitzustellen. Für eine detaillierte Beschreibung der Pumpen sei auf Wutz u.a. (1992) verwiesen. Das benötigte Vakuum wird durch die verschiedenen Pumpensysteme sukzessive erzeugt (vgl. Abb. 3.22):

Vorvakuum:
$10^3 \ldots 2 \cdot 10^1$ mbar: Venturi Pumpe (1)
    (mit N$_2$ betriebene Strahlpumpe)
$10^2 \ldots 2 \cdot 10^{-4}$ mbar: LN$_2$-Absorptionspumpe (2)
    (außerhalb der Anlage)

Hochvakuum:
$10^{-3} \ldots 3 \cdot 10^{-6}$ mbar: LN$_2$-Kühlschilde innerhalb der Anlage (3)
$10^{-3} \ldots 5 \cdot 10^{-9}$ mbar: mechanische Kryopumpen auf He-Basis (4)

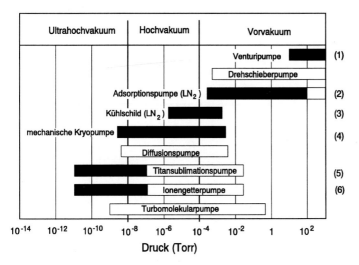

Abb. 3.22. Sukzessive Vakuumerzeugung in der MBE-Anlage in Auswahl möglicher Pumpensysteme (Varian, 1986)

Ultrahochvakuum (UHV):
10^{-7} ... 10^{-11} mbar: Titansublimationspumpe (5)
10^{-7} ... 10^{-11} mbar: Ionengetterpumpe (6)

Molekularströme aus Effusionszellen

Die Quellmaterialien der Molekularstrahlepitaxie für III-V-Halbleiter sind bei Raumtemperatur Feststoffe (vgl. Abb. 3.8). Sie müssen im UHV in Molekularströme umgesetzt werden, deren Eigenschaften maßgeblich sind für das Ergebnis des Wachstums:

- Intensität bestimmt Wachstumsrate und Mischungsverhältnis
- Intensitätsverteilung bestimmt Schichthomogenität in Dicke, Dotierung und Zusammensetzung
- Verunreinigungen begrenzen elektrische und optische Eigenschaften
- Stabilität bestimmt vertikale Schichthomogenität und Reproduzierbarkeit.

In der Feststoff MBE haben sich widerstandsbeheizte Effusionszellen, die mit pyrolitischen Bornitrid (pBN) Tiegeln ausgestattet sind, zur Erreichung der obigen Ziele durchgesetzt. In der idealen Form sind die Tiegel so gestaltet, daß sie die Knudsen (1909) Bedingung erfüllen und sich die Intensität des Molekularstroms angeben läßt:

$$J_i = \frac{A \cdot p_i(T)}{\pi \cdot d^2 \cdot \sqrt{2 \cdot \pi \cdot m_i \cdot k \cdot T}} \cdot \cos\varphi \qquad (3.12)$$

3 Herstellung aktiver Bauelementschichten

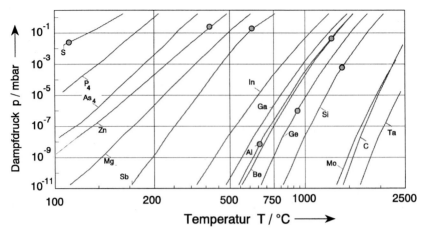

Abb. 3.23. Der Gasdruck von typischen Quellenmaterialien der MBE als Funktion der Temperatur. Die Halterwerkstoffe **Mo**lybdän, Kohlenstoff (**C**) und **Ta**ntal sind zum Vergleich mit eingetragen. (nach Honig, 1962)

J_i: Fluß der effundierenden Species i (Atome oder Moleküle) pro Fläche und Sekunde
A: Öffnungsquerschnitt der Zellenblende
p_i: Partialdruck der Species i in der Zelle
d: Abstand Zellenblende-Substrat
m_i: Masse der effundierenden Species i
φ: Winkelabweichung von der Strahlnormalen

Der Partialdruck p_i ist eine Funktion der Temperatur. Für einige typische Quellenmaterialien ist $p_i(T)$ in Abb. 3.23 aufgetragen. Für den Betrieb der Quellen muß ein Partialdruck $p_i(T)$ von ca. $10^{-2} \ldots 3 \cdot 10^{-8}$ mbar eingestellt werden. Hierzu müssen Temperaturen eingestellt werden, bei denen der Tiegelwerkstoff (meist pBN oder früher auch Graphit) einen vernachlässigbaren Dampfdruck besitzt. Auch die Substrathalterwerkstoffe werden so ausgesucht, daß sie einen extrem kleinen Dampfdruck besitzen (vgl. Tantal (Ta) und Molybdän (Mo) in Abb. 3.23).

Gleichung (3.12) ist gültig, wenn die mittlere freie Weglänge der Moleküle in der Zelle größer ist als die Öffnung der Zellblende. Für den praktischen Gebrauch werden jedoch Blenden verwendet, die erheblich größer sind, um einen größeren Molekularstrom zu erhalten. Die prinzipielle Abhängigkeit von Gl. (3.12) bleibt jedoch erhalten. Der Anforderung der Homogenität wird man durch einen hinreichend großen Abstand d zwischen Zelle und Wafer sowie der Waferrotation gerecht. Für hohe Zellenreinheit werden, pBN-Tiegel verwendet. Die Thermoschilde bestehen aus Tantal, da Stahl oberhalb von 150 °C zum Ausscheiden von Fremdstoffen (Mn, Fe, Cr, Mg) neigt und sich auch nicht so gut ausgasen läßt (wegen H_2 in Stahl). Flußstabilität ist insbesondere für Gruppe-III Zellen wichtig. Die Temperatur des widerstandsbeheizten Tiegels und damit der Molekularstrom

3.2 Epitaxie

(vgl. Gl. 3.12) wird über einen Thermoregler mit PID-Steuerung eingestellt (Abb. 3.24). Die Reproduzierbarkeit der Zellentemperatur erreicht unter optimalen Bedingungen +/- 1,0 °C bei einer Stabilität von +/- 0,1 °C in 24 h. Die Zelle selbst ist auf einen UHV-Flansch montiert (vgl. Abb. 3.24b), der die Strom- und Thermoelementdurchführungen enthält. Kernstück der Zelle ist der pBN-Tiegel, der hier als Gruppe-III Zelle kegelförmig für nahezu füllstandsunabhängigen Molekularstrom ausgeführt ist. An der Unterseite des Zylinders ist ein Thermoelement im Federkontakt angebracht, der die Temperatur der Zelle ermittelt, die dem PID-Regler zugeführt wird. Die Größe des pBN-Tiegels schwankt zwischen 5 cm^{-3} für Dotierungen, 10-60 cm^{-3} für Gruppe-III Elemente und 60-120 cm^{-3} (und mehr) für Gruppe-V Elemente. Die Anforderungen sind dabei sehr unterschiedlich:

- *Dotierungszelle:* Eine kleine Zellengröße ermöglicht schnelle Flußänderungen und damit steile Dotierungsprofile
- *Gruppe-III Zelle:* Bei möglichst niedriger Temperatur (ovale Defekte durch Ga-Zelle vermeiden) wird höchste Stabilität und hohe Reproduzierbarkeit angestrebt, da die Gruppe-III den Wachstumsprozeß steuert.
- *Gruppe-V Zelle:* Große Mengen und hohe Effektivität sind erforderlich, um möglichst selten die Anlagenhauptkammer öffnen zu müssen.
- *Cräcker-Zelle:* Diese Zelle kann große Moleküle (As$_4$, P$_4$, organische Moleküle) in einer zweiten, bei einer erhöhten Temperatur betriebenen Stufe aufspalten (As$_2$, P$_2$,...). Der maximale Haftkoeffizient des As$_4$ Moleküls auf der Oberfläche ist lediglich 0.5 (vgl. Abb.3.11). Die As$_2$ -Moleküle besitzen einen maximalen Haftkoeffizienten von s = 1, so daß der Verbrauch von Arsen halbiert wird sowie ein versetzungsfreieres Wachstum erzielbar ist. Diese Zellen werden auch zum Wachstum von phosphorhaltigen Halbleitern mit P$_2$ eingesetzt.

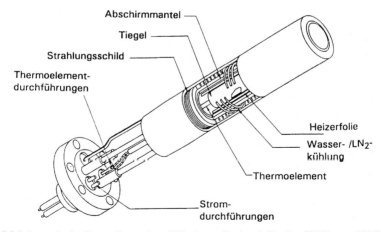

Abb. 3.24. Schematische Darstellung einer Effusionszelle (nach Davies, Williams, 1985)

3.2.3
Metallorganische Gasphasenepitaxie (MOVPE)

Die Metallorganische Gasphasenepitaxie für III/V-Halbleiter ist eine Weiterentwicklung der Gasphasenepitaxie. Die Gruppe-III Elemente werden aus metallorganischen Verbindungen von Methylgruppen (CH_3) oder Ethylgruppen (C_2H_5) mit Ga, In, Al bereitgestellt. Die Gruppe-V Elemente werden meist Hydriden (AsH_3, PH_3) entnommen. In dieser Grundform wurde dieses Verfahren von Manasevit 1968 veröffentlicht. Eine Prinzipdarstellung einer MOVPE-Anlage kann Abb. 3.25 entnommen werden. Die Gruppe-III Quellen liegen meist in flüssiger Form vor und werden durch ein Trägergas (meist H_2 aber auch N_2) dem Gassystem zugeführt. Die Gruppe-V Quellen sind als Hydride gasförmig. Die Epitaxiesteuerung erfolgt über Massendurchflußmessung der Gasströme, die Substrattemperatur und dem Druck im Reaktorgefäß (p = 1 mbar ... 1000 mbar). Die MOVPE benötigt im Gegensatz zur MBE keine aufwendige Hochvakuumtechnik und erlaubt hohe Probendurchsätze.

3.2.3.1
Grundzüge des MOVPE Wachstumsprozesses

Die chemisch/physikalischen Vorgänge im heißen Reaktorraum sind in Abb. 3.26 skizziert. Unter hohem Gruppe-V Überschuß werden dem Reaktorraum Gruppe-III enthaltende Quellmoleküle zugeführt. Ein erster Überblick über die Vorgänge liefert die chemische Pauschalreaktion am Beispiel von Trimethylquellen für:

$$\text{GaAs:} \qquad Ga(CH_3)_3 + AsH_3 \xrightarrow{\text{Wärme}} GaAs + 3(CH_4) \qquad (3.13)$$

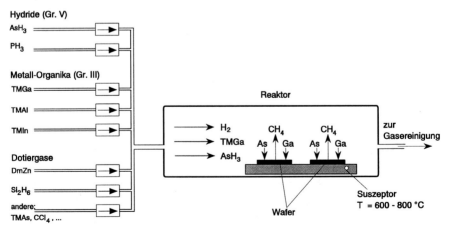

Abb. 3.25. Prinzipdarstellung einer MOVPE-Anlage zur Herstellung von III/V-Halbleiterheterostrukturen. Im Reaktor ist speziell der Wachstumsprozeß für GaAs skizziert

InP: $\quad\quad\quad In(CH_3)_3 + PH_3 \xrightarrow{\text{Wärme}} InP + 3(CH_4)$ \hfill (3.14)

$Al_xGa_{1-x}As$: $\quad x \cdot [Al(CH_3)_3] + (1-x) \cdot [Ga(CH_3)_3] + AsH_3$

$$\xrightarrow{\text{Wärme}} Al_xGa_{1-x}As + 3(CH_4) \hfill (3.15)$$

Der exakte Ablauf über Zwischenschritte, die in den Pauschalgleichungen (3.13) - (3.15) nicht erfaßt sind, ist zur Zeit nicht bekannt. Es lassen sich aber anhand der Abb. 3.26 Teilabschnitte des Abscheidungsprozesses erkennen (hier für GaAs):

1. Diffusion der Quellenmaterialien zur Substratoberfläche, die bei genügend hoher Temperatur durch Zerfall der Ausgangsmaterialien TMGa und AsH_3 mit noch weitgehend unbekannten chemischen Zwischenprodukten entstehen.
2. Adsorption der V-er und III-er Quellenmoleküle an der Substratoberfläche.
3. Oberflächenreaktionen mit Nukleationsbildung (vgl. Abb. 3.7). Bei geeigneter Einstellung der Wachstumsparameter insbesondere von Substrattemperatur und V/III-Verhältnis wird zweidimensionales Wachstum ermöglicht.
4. Desorption und Abtransport der Reaktionsprodukte. Das CH_3-Radikal z.B. wird in H_2 Atmosphäre zum stabileren Methan CH_4 umgewandelt und weggeführt.

Der langsamste der vier Schritte bestimmt die Wachstumsrate. Über dem Substrat bildet sich ein Temperatur-, Geschwindigkeits- und Zusammensetzungsgradient in der Gasphase aus, der als Grenzschicht bezeichnet wird. Hier werden die Quellenmaterialien thermisch zerlegt und zum an der Oberfläche wachsenden Kristall transportiert. Die Substrattemperatur wird dabei so eingestellt, daß die Quellenmaterialien thermisch zerfallen. Für GaAs beträgt die Substrattemperatur typisch

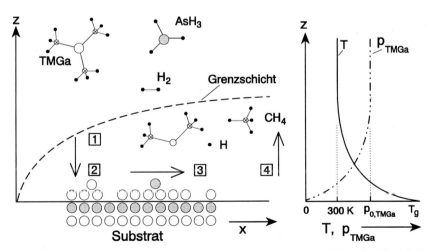

Abb. 3.26. Temperatur-, Geschwindigkeits- und Konzentrationsgradient über dem Substrat während des MOVPE-Wachstums (nach Heuken, 1989)

600 °C bis 700 °C. In diesem Temperaturbereich ist die Diffusion der Moleküle durch die Grenzschicht der langsamste und somit die Wachstumsrate bestimmende Prozeßschritt. Unterhalb des Temperaturfensters des diffusionsbegrenzten Wachstums hat die Substrattemperatur über den Zerfall der Quellenmaterialien einen exponentiellen Einfluß auf den Prozeß. Die folgenden abgeleiteten Epitaxieparameter gelten daher für diffusionsbegrenztes Wachstum.

3.2.3.2
Epitaxieparameter des MOVPE Wachstumsprozesses

1.) Totaldruck
Im Reaktor wird ein Totaldruck zwischen 1 mbar und 1 bar eingestellt. Niedrige Totaldrücke (z.B. p_{tot} = 20 mbar) ermöglichen bei niedrigem Verbrauch der Materialien hohe Gasflußgeschwindigkeiten. Geschwindigkeits- und vor allem Zusammensetzungsgradienten in der Gasphase werden auf ein Minimum reduziert und ermöglichen so die Herstellung abrupter Grenzflächen, bei guter Homogenität und seltenem Einbau von Störstellen.

2.) V/III-Verhältnis
Das genaue V/III-Verhältnis unmittelbar an der Wachstumsfront ist unbekannt. Vorgegeben wird das Gaseangebot außerhalb der Grenzschicht:

$$V/III = \frac{p_{AsH_3} + p_{PH_3}}{p_{TMGa} + 2 \cdot p_{TMAl} + p_{TMIn}} \qquad (3.16)$$

p_{AsH_3}, p_{PH_3}: Partialdruck der Hydride
$p_{TM..}$: Partialdruck der III-er Quellen.

Trimethylaluminium bildet ein Dimer (Al$_2$) aus, so daß also doppelt soviel Al angeboten wird bei gleichem Fluß wie bei den anderen Quellen. Das V/III-Verhältnis beeinflußt die Einbauwahrscheinlichkeit von Atomen an der Wachstumsoberfläche

- III-Plätze: bevorzugt bei großem V/III-Verhältnis,
- V-Plätze: bevorzugt bei kleinem V/III-Verhältnis.

Diese Eigenschaft wirkt sich besonders stark aus auf die unbeabsichtigte Dotierung der epitaktischen Schicht mit Gruppe-IV Atomen (vgl. Abb. 3.27). In der MOVPE ist als Rest aus den Trimethyl-Quellen Kohlenstoff in hoher Konzentration und Silizium in geringer Konzentration als Verunreinigung der Hydride an der Wachstumsoberfläche vorhanden. Bei niedrigem V/III-Verhältnis wird Kohlenstoff auf V-Plätzen als Akzeptor und bei hohem V/III-Verhältnis zusammen mit Silizium auf III-Plätzen als Donator eingebaut. In Abb. 3.27 wird demonstriert, daß in Abhängigkeit vom V/III-Verhältnis für GaAs die Hintergrundkonzentration von p⁻ über kompensiert/semiisolierend bis n⁻ einstellbar ist.

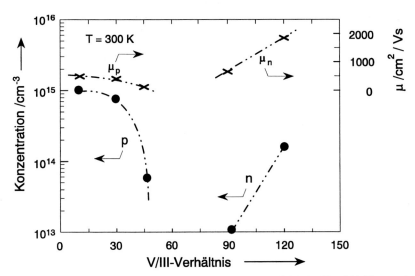

Abb. 3.27. Ladungsträger-Konzentration und -Beweglichkeit (T = 300 K) von MOVPE gewachsenem (p_{tot} = 100 mbar, T_g = 650 °C), nominell undotiertem GaAs in Abhängigkeit des V/III-Verhältnisses (nach Kraus, 1988)

3.) *Wachstumsrate*

Bei einem üblichen V/III-Verhältnis von 20 ... 200 und konstanter Wachstumstemperatur ist die Wachstumsrate von Fluß und Druck der V-er Komponente unabhängig (Coleman, Dapkus, 1985):

$$g_r = K \cdot \frac{p_{TMGa} + 2 p_{TMAl} + p_{TMIn}}{p_{tot}} \qquad (3.17)$$

$$= K \cdot (X_{TMGa} + 2 \cdot X_{TMAl} + X_{TMIn})$$

K: Geometrische Proportionalitätskonstante
(für GaAs K ≈ const. für 550 °C < T_g < 750 °C)
X: Molenbruch

Die Zunahme der Wachstumsrate mit steigendem Molenbruch ist in Abb 3.28 für das Wachstum von GaAs gezeigt (d.h. $X_{TMAl} = X_{TMIn} = 0$). Für TMAl ist zu berücksichtigen, daß es als Dimer in der Gasphase vorliegt. Der Gesamtmolenbruch der Gruppe-III ist damit die Summe der einzelnen Molenbrüche:

$$X_{III} = X_{TMGa} + 2 \cdot X_{TMAl} + X_{TMIn} \qquad (3.18)$$

4.) *Mischungsverhältnis*

Zur Herstellung von Mischkristallen wird das Mischungsverhältnis x aus den Molenbrüchen ermittelt.

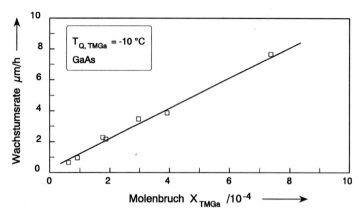

Abb. 3.28. Experimentelle Wachstumsrate von GaAs in der MOVPE-Anlage in Abhängigkeit des TMGa-Flusses

Beispiel: $In_xGa_{1-x}P$ auf GaAs

Zur Herstellung von $In_xGa_{1-x}P$ auf GaAs mit gleicher Gitterkonstante wird ein x = 0,49 benötigt:

$$x = \frac{X_{TMIn}}{X_{TMGa} + X_{TMIn}} \overset{!}{=} 0{,}49 \tag{3.19}$$

Experimentell wird bei vorgegebenem X_{TMGa} das X_{TMIn} in der Nähe der nominellen Gitteranpassung für x = 0,49 die reale Gitterkonstante untersucht, um die technologischen Ungenauigkeiten der Gasesteuerung zu eliminieren (vgl. Abb. 3.29).

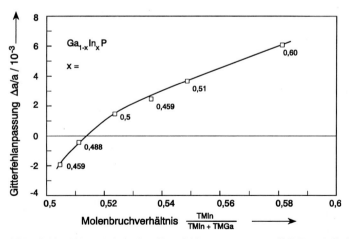

Abb. 3.29. Abhängigkeit der Gitterfehlanpassung von GaInP auf GaAs in Abhängigkeit vom TMIn-Fluß

5) Dotierung:

Als Dotierungsmaterialien werden sowohl metallorganische Verbindungen (DMZn, DEZn) als auch Hydride (Silan SiH_4 and Disilan Si_2H_6) verwendet. Experimentelle Ergebnisse der n-Dotierung von GaAs mit Disilan sind in Abb. 3.30 wiedergegeben. Die Elektronenkonzentration ist eine lineare Funktion des Molenbruches (vgl. Abb. 3.30):

$$\frac{N_D}{N_{Ga}} = \frac{X_{Si}}{X_{TMGa}} = \frac{\dfrac{Q_{Si}}{Q_{Si}+Q_S} \cdot \dfrac{Q_R}{Q_{tot}}}{\dfrac{p_{sätt,TMGa}}{p_{Q,TMGa}} \cdot \dfrac{Q_{Q,TMGa}}{Q_{tot}}} \qquad (3.20)$$

Flache n-Dotierungen sind bis zum für GaAs typischen Sättigungswert von hier ca. $8 \cdot 10^{18}$ cm^{-3} erzielbar. Als Standarddotierstoff für die p-Dotierung in GaAs und InGaAs wird Dimethylzink (DMZn) eingesetzt. Die Verwendung von Gruppe-II Dotieratomen auf Gruppe-III Wirtsgitterplätzen für die p-Dotierung ist für höchste Konzentrationen kritisch in Bezug auf die Ortsfestigkeit des Dotierstoffes. Insbesondere in der MOVPE kommt es -bedingt durch die für die Zerlegung der Quellenmaterialien notwendige relativ hohe Wachstumstemperatur- zur Verbreiterung des Dotierprofiles durch Feststoffdiffusion. Als Alternative wird hier zur Zeit für GaAs die Dotierung mit Kohlenstoff aus metallorganischen Quellen (TMAs) oder einer Halogenverbindung wie z.B. CCl_4 erarbeitet. Hierbei wirkt der vierwertige Kohlenstoff auf einem Gruppe-V Platz als Akzeptor. Für GaAs ist dieses Verfahren bereits zum Standard herangereift. Im InGaAs führen die relativ schwachen Bindungsenergien der In-C Verbindungen jedoch dazu, daß der Kohlenstoff nicht vollständig auf einen Gruppe-V Platz gezwungen werden kann

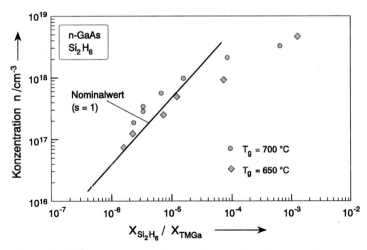

Abb. 3.30. Elektronenkonzentration in GaAs als Funktion des Molenbruches X_{Si} / X_{TMGa} (nach Heuken 1989)

sondern teilweise als n-Typ Dotierung auf einen Gruppe-III Platz eingebaut wird. Die Schichten sind dann kompensiert. Desweiteren sind in der MOVPE durch die Zerlegung der Hydride in großem Umfang Wasserstoffradikale an der Wachstumsfront. Diese Radikale können insbesondere zu einer Passivierung von Gruppe-IV Dotierstoffen wie Kohlenstoff (Lindner u.a., 1997) und Silizium beitragen.

3.2.3.3
Aufbau der Anlage

Die MOVPE-Anlage läßt sich in die Einheiten Elektroniksteuerung, Gasmischsystem und Reaktorsystem einteilen. Das Reaktorgefäß (Abb. 3.31) ist aus Quarzglas gefertigt. Im Inneren befindet sich ein in diesem Fall rechteckiges Quarzglasrohr (Linerrohr), in welchem sich ein laminarer Gasestrom über dem Wafer ausbreitet. Der Substratträger (Suszeptor) besteht aus mit Siliziumkarbid beschichtetem Graphit.

Die Beheizung des Wafers geschieht induktiv wie in Abb. 3.31 oder durch Strahlung. Neben dem hier dargestellten horizontalen Reaktor gibt es noch vertikale Reaktoren, die der Arbeit von Manasevit nachfolgen. Zur Erhöhung der Homogenität erlauben die meisten Designs die Rotation des Wafers. In den

Abb 3.31. Das Reaktorgefäß der MOVPE mit Induktionsheizung sowie die VENT/RUN-Gaseumschaltung am Reaktoreingang (Fa. AIXTRON, 1986)

3.2 Epitaxie

Reaktor werden drei Linien (metallorganische Quellen, Hydride und Dotierung) eingeführt. Unmittelbar vor der Anlage wird durch ein Umschaltventil (VENT/RUN) mit sehr kleinen Totvolumina und kurzen Schaltzeiten der Gasestrom geschaltet. In Stellung VENT werden die Gase stabilisiert und direkt dem Gasewäscher zugeführt. Erst nach dieser Phase werden sie ohne störend wirkende Druckschwankungen in den Reaktor eingeleitet (RUN).

Die Umsetzung der Quellgrößen $p_{i,Q}$, $Q_{i,Q}$ in Reaktorgrößen p_i, Q_i hängt von der Konfiguration der Gasesteuerung ab. In Abb. 3.32 sind je ein Beispiel für Gase mit hohem Dampfdruck (Hydride: AsH_3, PH_3, SiH_4 und Si_2H_6) und für die metallorganischen Quellen mit niedrigem Dampfdruck angegeben. In der Anordnung für Hydride (vgl. Abb. 3.32b) sind zwei Einlaßleitungen Q_{R1}, Q_{R2} in den Reaktor angegeben. Für jede dieser Leitungen läßt sich der Zusammenhang zwischen Quell- und Reaktorgrößen angeben:

$$Q_i = \frac{Q_Q}{Q_Q + Q_S} \cdot Q_{R1,2} \tag{3.21}$$

Q_i: Fluß der Species i im Reaktor
Q_Q: Volumendurchfluß aus der Quelle
Q_S: Spülgasvolumendurchfluß

Die Umrechnung von Flüssen in Partialdrücken erfolgt gemäß:

$$p_i = \frac{Q_i}{Q_{tot}} \cdot p_{tot} \tag{3.22}$$

Die metallorganischen Quellen (TMAl, TMGa, TMIn, DMZn, TMAs, ...) werden mit der Anordnung in Abb. 3.32a dem Reaktor zugeführt. Die Quellen sind Flüssigkeiten, über denen durch Verdunstung ein temperaturabhängiger Partialdruck entsteht (Honig, 1962):

$$\log p = \frac{A}{T} + B \cdot \log T + CT + DT^2 + E.$$

Näherungsweise kann für die obigen Quellen der Partialdruck angegeben werden gemäß (Stringfellow, 1989):

$$\log(p_{sätt,TMGa})[Torr] = 8{,}501 - \frac{1824}{T/K} \tag{3.23}$$

$$\log(p_{sätt,TMAl})[Torr] = 8{,}224 - \frac{2134{,}8}{T/K} \tag{3.24}$$

$$\log(p_{sätt,TMIn})[Torr] = 10{,}52 - \frac{3014}{T/K} \tag{3.25}$$

Die metallorganischen Quellen werden in Stahlzylindern in einem Temperierbad auf konstanter Temperatur gehalten. Die bei dieser Temperatur über der Flüssig-

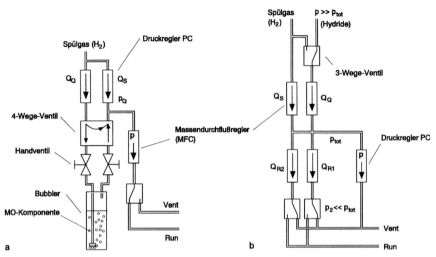

Abb. 3.32. Gasesteuerungssysteme für Quellmaterialien der MOVPE mit mit niedrigem Dampfdruck (**a**) (Metallorganika) nach dem Bubblerprinzip mit Spülgas H$_2$ und mit hohem Dampfdruck (**b**) (Hydride)

keit im Zylinder gebildete gasförmige Quellgasmenge wird über ein Spülgas aus dem Stahlzylinder gedrückt (Bubbler Prinzip):

$$Q_i = Q_Q \cdot \frac{p_{sätt,Q}}{p_Q} \tag{3.26}$$

Q_Q: durch die Quelle gehender Spülgasfluß
$p_{sätt,Q}$: Sättigungspartialdruck der Quelle
p_Q: Druck in der Quelle durch Drucksteller

Für die Einstellung der Epitaxieprozesse wird der Molenbruch X verwendet, der sich Gl. (3.22) schreiben läßt:

$$X_i = \frac{Q_i}{Q_{tot}} . \tag{3.27}$$

Für die Anordnung gemäß Abb. 3.32a gilt:

$$X_i = \frac{p_{sätt} \cdot Q_Q}{p_Q \cdot Q_{tot}} \tag{3.28}$$

Im praktischen Einsatz wird der Sättigungspartialdruck und der Quellendruck konstant gehalten. Der Molenbruch ist dann nur noch proportional zum Spülgasfluß Q_Q durch die III-er Quelle (vgl. Gl. (3.28), Abb. 3.28).

Massendurchflußregler

Die Einstellung der Epitaxieparameter

- V/III-Verhältnis   Gl. (3.16),
- Wachstumsrate   Gl. (3.17),
- Mischungsverhältnis   Gl. (3.19) und
- Dotierung   Gl. (3.20)

erfolgt maßgeblich über die elektronischen Massendurchflußregler (mass flow controller, MFC). In einer komplexen Anlage können weit mehr als 30 solcher Geräte im Einsatz sein, deren Eigenschaften das Epitaxieergebnis maßgeblich beeinflussen:

- Genauigkeit und Linearität: 0,5 % bei 21 °C (±5 °C)
- Mittlerer Temperaturkoeffizient: < 0,1 %/°C zwischen 0-70 °C
- Mittlerer Druckkoeffizient: < 0,1 %/°C
- Wiederholgenauigkeit: 0,2 % vom Meßbereich
- Nullpunktstabilität: 1 % pro Jahr
- Temperaturdrift: 0,05 % pro °C

Die Funktionsweise der Massenflußmessung eines MFC ist in Abb. 3.33 dargestellt. Ein Teil des Gaseflusses wird in eine Meßkapilare eingeleitet. In der Mitte des Röhrchens befindet sich eine Heizwicklung. Links und rechts von der Heizung werden die Temperaturen T_1 und T_2 gemessen. Die Temperaturdifferenz $T_2 - T_1$ ist proportional zum Wärmetransport des durchfließenden Gases.

$$V(\Delta T) = K \cdot C_p \cdot \Phi_M \qquad (3.29)$$

$V(\Delta T)$:   Ausgangssignal

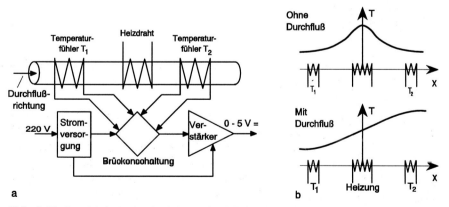

Abb. 3.33. Das Meßprinzip der Massendurchflußregler:‚Prinzipskizze des Prüfröhrchens mit Heizwendel und zwei symmetrisch angeordneten Widerstandstemperaturfühlern **(a)** sowie Temperaturprofil entlang des Prüfröhrchens „ohne" und „mit" Gasedurchfluß **(b)**

K: Konstante
C_P: Spezifische Wärme des Gases
Φ_M: Massenfluß

Die spezifische Wärme eines idealen Gases ist unabhängig vom Druck. Bei realen Gasen ändert sich C_p um ca. 10 % im Druckbereich von 0-10 bar. Die Auswirkung der Temperaturschwankungen auf C_p sind gering und betragen für H_2 ca. 0,01 %/°C. Die Viskosität der Gase ändert sich um ca. 0,2 %/°C. Diese Angaben gelten nur hinreichend weit oberhalb der Flüssigphase, was bei den metallorganischen Quellen zu Problemen führen kann.

Das Meßverfahren ist somit in weiten Bereichen von Druck und Temperatur des Gases unabhängig. Das Ergebnis ist jedoch charakteristisch für ein spezifisches Gas und dessen spezifische Wärme C_p und weitere Eigenschaften, die sich in der Konstante niederschlagen. Die MFC werden daher für *ein* Gas kalibriert. Für die MOVPE-Anlage ist dieses bis auf wenige Ausnahmen das Trägergas (Spülgas) Wasserstoff. Die mittransportierten Gase werden in ihrer Konzentration als so gering angenommen, daß sie das Meßverfahren nicht beeinflussen.

Der Massendurchfluß Φ_M kann in einen Volumenfluß Q umgerechnet werden:

$$Q = \frac{\Phi_M}{\rho} \qquad (3.30)$$

ρ: Dichte des Gases [kg/m³]

$$V(\Delta T) = K \cdot C_p \cdot \rho \cdot Q \qquad (3.31)$$

In vielen Fällen muß ein Mischungsverhältnis von Gasen eingestellt werden. Werden diese mit Wasserstoffträgergas transportiert, so ist das Verhältnis der Meßergebnisse gemäß Gl. (3.32) für gleichen Druck und gleiche Temperatur proportional dem Verhältnis der Volumenflüsse. Der Volumenbruch ist jedoch für ideale Gase unter obigen Bedingungen gleich dem Partialdruckverhältnis:

$$X = \frac{Q_1}{Q_2} = \frac{p_1}{p_2} \qquad (3.32)$$

Wird Q_1 als Quellfluß, p_1 als Quelldruck gesetzt sowie Q_2 Totalfluß und p_2 als Totaldruck, so wird deutlich, daß unter diesen Bedingungen alle Epitaxieparameter direkt einstellbar sind.

Im praktischen Einsatz ist die Technik der elektronischen Massendurchflußregler die größte Fehlerquelle bei Einstellung der Epitaxieparameter. Die Abnutzung der Heizwendel, die Belegung des Prüfröhrchens mit Ablagerungen aus den Gasen und mangelnde Stabilität der Elektronik bewirken, daß die oben angegebenen Werte, die für inertes Prüfgas ermittelt wurden, in der Praxis bei weitem überschritten werden. Hinzu kommt eine kleine Dynamik der MFC (max. 2 Größenordnungen), die insbesondere bei Dotierungen bei weitem nicht ausreicht.

3.2.4
Epitaxie mit gasförmigen Quellen im UHV

Die Kapitel über MBE und MOVPE haben gezeigt, daß in bezug auf Kristallqualität, Grenzflächenschärfe und Dotierung die Epitaxie der III/V-Halbleiter einen sehr hohen Standard erreicht hat. Die UHV-Umgebung für die MBE und die gasförmigen Quellen für die MOVPE sind die qualifizierenden Größen, die in folgenden Verfahren kombiniert wurden (vgl. Abb.3.8):

- CBE   chemical beam epitaxy,
- MOMBE   metal organic molecular beam epitaxy,
- GSMBE   gas source molecular beam epitaxy.

In Abb. 3.34 ist eine detaillierte Einordnung der Epitaxiesysteme in Bezug auf den Kammerdruck während des Wachstums und der daraus folgenden Form des Quellstromes aufgeführt. MOVPE und MBE markieren die jeweiligen Endpunkte zu hohem bzw. niedrigen Partialdruck in der Kammer.

Die MBE weist einen fast rein physikalischen Wachstumsprozeß auf, der als einziger modellhaft gut beschrieben werden kann. Auf der Basis dieses Modells, der Einfachheit der Wachstumssteuerung und der ausgefeilten in-situ Meßtechnik sind kurze Entwicklungszeiten für neuartige Materialsysteme möglich. Die Kontamination mit Fremdstoffen ist sehr gering, da unter extrem niedrigen Basisdrücken ($p < 10^{-10}$ mbar) mit ausschließlich elementaren Stoffen gewachsen wird. Daraus resultieren ultrareine Halbleiterschichten und die relativ einfache Hand-

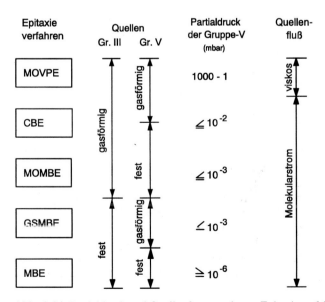

Abb. 3.34. Partialdruck und Quellenform moderner Epitaxieverfahren

habung reaktiver Materialien (z.B. Al-haltige Halbleiter) in der MBE. Probleme treten auf mit Materialien, die einen hohen Dampfdruck besitzen (Desorption). Kritisch ist auch die Handhabung von Stoffen, die in elementarer Form einen sehr niedrigen Dampfdruck aufweisen, und daher aus den widerstandsbeheizten Effusionszellen nicht verdampft werden können (z.B. Kohlenstoff).

Die MOVPE kann aufgrund des hohen Basisdruckes Materialien mit hohem Dampfdruck sehr gut verwenden und somit das Tor zu phosphorhaltigen Halbleiterschichten öffnen. In dem hohen Druckbereich ist eine in-situ Meßtechnik allerdings sehr schwierig. Sehr gute Schichthomogenität erfordert einen hohen Materialaufwand, der insbesondere in bezug auf die Bevorratung toxischer Quellenmaterialien den höchsten sicherheitstechnischen Aufwand erfordert.

Vor diesem Hintergrund wird seit den frühen 80-er Jahren die Entwicklung von Epitaxieverfahren betrieben,

- die mit einem molekularen Quellfluß arbeiten, der die wechselseitige Abhängigkeit der einzelnen Gasströmungen vermeidet,
- deren Reaktordruck hinreichend klein für die Anwendung der in-situ Meßtechnik ist,
- die Materialien mit hohen Dampfdrücken verwenden können,
- die durch Verwendung elementarer wie Verbindungsquellmaterialien den größtmöglichen Anwendungsbereich erschließen.

Die CBE (chemical beam epitaxy) setzt nach obiger Nomenklatur für die Gruppe-III und die Gruppe-V gaseförmige Quellen mit molekularen Quellfluß ein. In einer UHV-Kammer werden in der Grundform (vgl. Abb. 3.35) über zwei Effusionszellen die Gruppe-V und Gruppe-III Quellmaterialien im kontrollierten Fluß in das System eingelassen. Als Gruppe-V Quellen werden die Hydride AsH_3 und PH_3 eingesetzt, die in der Zelle bei ca. 950 °C zu P_2 und As_2 „gecrackt" werden.

Die Gruppe-III Materialien werden unzerlegt als Ethyl- oder Methylgruppen im Molekularfluß auf das aufgeheizte Substrat gerichtet. Es wird ein typischer Wachstumsdruck von $p \approx 10^{-4}$ Torr im Gruppe-V Überschuß eingestellt. Die Gruppe-III Quellverbindungen werden an der Oberfläche katalytisch unter fortwährender Abspaltung der Methyl- oder Ethylgruppen zerlegt. Dieser Prozeß wird in einem ersten Ansatz von Foxon 1990 beschrieben; es existiert aber noch kein geschlossenes Modell. Das Wachstum ist Gruppe-III kontrolliert, jedoch gibt es gerade hier noch große Probleme. Sowohl die Quellzerlegung als auch die Desorptionsrate der Zwischenverbindungen der Quellmaterialien auf der Wachstumsoberfläche sind expotentiell von der Substrattemperatur abhängig und resultieren in einem komplizierten Temperaturverlauf des Haftkoeffizienten der Gruppe-III Quellatome (Tsang, 1991). Im Vergleich zur MBE ist der Haftkoeffizient der Gruppe-III Species nicht nur deutlich kleiner als eins, sondern auch stark temperaturabhängig. Selbst der in der MOVPE genutzte weite Temperatur-

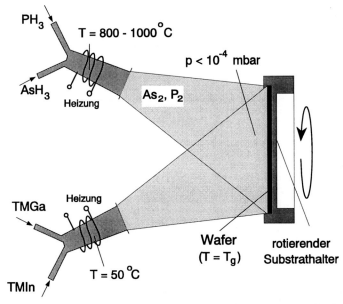

Abb. 3.35. Schematische Darstellung des Wachstumsprozesses in der CBE (nach Tsang, 1989)

bereich des diffusionkontrollierten Wachstums mit quasi-konstantem Haftkoeffizient der Gruppe-III Quelleatome, existiert in der MOMBE nicht.

Weiterhin findet an der Wachstumsoberfläche von Gruppe-III Mischkristallen eine starke Interaktion der verschiedenen Gruppe-III Species statt. Für das Mischungsverhältnis x, welches in der MOVPE direkt proportional dem Gruppe-III Angebot ist, gilt (vgl. Gl. 3.28):

$$x_a = \frac{X_{III,a}}{X_{III,a} + X_{III,b} + X_{III,c}}.$$

$X_{III,i}$: Molenbruch der Gruppe-III Species i

Diese Beziehung gilt nicht uneingeschränkt für die CBE (Foxon 1990), da z.B. Indium die Gallium-Desorption fördert, Aluminium diese jedoch reduziert.

Trotz dieser additiven technischen Schwierigkeiten des CBE-Wachstums, ist die CBE in der Lage weitestgehend äquivalentes Material zu MOVPE und MBE bereitzustellen. In einigen Punkten ist sie jedoch den oben genannten Verfahren überlegen. Als Beispiel hierfür sei die p-Dotierung genannt (vgl. Tsang, 1990, 1991). Die CBE und die ihr verwandten Techniken gestatten zunächst die Verwendung von etablierten Feststoffdotierquellen der MBE zur Dotierung. So können z.B. mittels Beryllium höchste p-Dotierungen im InGaAs auf InP-Substraten bereitgestellt werden. Die daraus hergestellten höchst p-dotierten Basis-

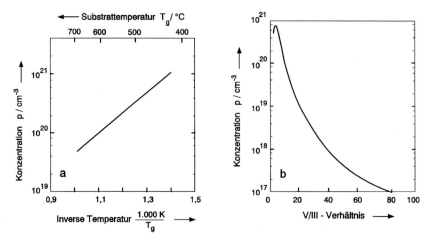

Abb. 3.36. Einbau von Kohlenstoff im GaAs mittels CBE (nach Tsang 1990): Löcherkonzentration in Abhängigkeit von der Wachstumstemperatur (**a**) und vom V/III-Verhältnis (**b**)

schichten für Heterobipolartransistoren ermöglichen Weltbestwerte (Nottenburg u.a., 1989).

Die Kohlenstoffdotierung für p-GaAs Basisschichten ist durch die Verwendung von Verbindungsmaterialien ebenfalls ermöglicht. Hier hat sich TMGa bewährt (Abernathy u.a., 1990). Die Dotierungshöhe ist stark von den Epitaxieparametern V/III-Verhältnis und Substrattemperatur abhängig (vgl. Abb. 3.36). Da der vierwertige Kohlenstoff als Akzeptor auf einem fünfwertigen Arsenplatz eingebaut werden muß, ist eine Reduktion des Arsenangebotes (niedriges V/III-Verhältnis in Abb. 3.36b) für hohe p-Konzentrationen erforderlich. Im Vergleich zur MOVPE hat die CBE den Vorteil, daß die Zerlegung der Quellmaterialien bei niedrigeren Substrattemperaturen erfolgen kann und die in Abb. 3.36a gezeigten Temperaturen bis hinab von ca. 430 °C für höchste p-Dotierungen leichter erreichbar sind. Dieser Vorteil wiegt insbesondere schwer für das $In_{0,53}Ga_{0,47}As$. Für n-Dotierung haben sich wie in der MOVPE die Dotiergase Silan (SiH_4) und Disilan (Si_2H_6) bewährt (Tsang, 1990).

3.3 Literatur

Abernathy, C.R., Pearton, S.J., Ren, F., Hobson, W.S., Fullowan, T.R., Katz, A., Jordan, A.S., and Kovalchick, J.: Carbon Doping Of III-V Compounds Grown By MOMBE. J. Crystal Growth 105, 375-382 (1990)

Arnold, N.: Diffusion in Gallium-Arsenid aus Dotierstoffemulsionen", Dissertation, Universität-GH-Duisburg, 1983

Arthur, J.R.: Interaction of Ga and As_2 Molecular Beams with GaAs Surfaces. J. Appl. Phys. 39, 4032 (1968).

Beneking H.: Halbleitertechnologie. Teubner, 1991

Bimberg, D., Maus, D., Miller, J.N.: Structural changes of the Interface, Enhanced Interface Incorporation of Acceptors, and Luminescence Efficiency Degradation in GaAs Quantum Wells Grown by Molecular Beam Epitaxy upon Growth Interruption. J. Vac. Sci. Techn. B4, 1014-1021 (1986)

Cho, A.Y.: Morphology of Epitaxial Growth of GaAs by a Molecular Beam Method: The Observation of Surface Structures. J. Appl. Phy. 41(7), 2780 (1970)

Cho, A.Y.: Introduction. In: Parker, E.H.C (ed.): The Technology and Physics of Molecular Beam Epitaxy., New York: Plenum Press 1985, pp. 1-13

Coleman, J.J., Dapkus, P.D.: Metalorganic Chemical Vapor Deposition. In: Ferry, D.K. Sams, H.W. & Co (ed.): Gallium Arsenide Technology. Indianopolis, 1985

Davies, G.J., Williams, D.: III-V MBE growth systems. In: Parker, E.H.C (ed.): The Technology and Physics of Molecular Beam Epitaxy., New York: Plenum Press 1985, pp 15-44

Esaki, L., Tsu, R.: Superlattice and negative differential conductivity in semiconductors. IBM J. Res. Develop. 14, 61 (1970)

Foxon, C.T.: MBE Growth of GaAs and III/V-alloys. J. Vac. Sci. Techn. B 1 (2), 293-297 (1983)

Foxon, C.T.: Understanding Growth Mechanisms Using Metallorganic Sources. J. Crystal Growth 105, 87-92 (1990)

Hiramato, T., Hirakawa, K., Ikoma, T.: Fabrication of one-dimensional GaAs wires by focused ion beam implantation. J. Vac. Sci. Technol. B6 (3), 1014-1017, (1988)

Honig, R.E.: Vapor pressure data for the solid and liquid elements, RCA Review, Dec. 1962

Kellner, W., Kniekamp, H.: GaAs-Feldeffekttransisitoren. Berlin Heidelberg: Springer 1985

Kitte,l C.: Einführung in die Festkörperphysik. Wien: Oldenbourg 1973

Kudsen, M.: Die Molekularstömung der Gase durch Öffnungen und die Effusion. Ann. Phys. 4(28), 999 (1909)

Kraus, J.: Hallmessungen an GaAs und AlGaAs Epitaxieschichten aus der metallorganischen Gasphasenepitaxie. Diplomarbeit, Universität Duisburg, 1988

Kraus, J.: Molekularstrahlepitaxie und Charakterisierung von pseudomorphen $In_yGa_{1-y}As$-Kanalschichten für die Anwendung in Submikron-Heterostruktur-Feldeffekttransistoren. Dissertation, Gerhard-Mercator-Universität GH Duisburg, 1994

Lindhard, J., Scharff, M., Schiott, H. Kgl. Danske, Vid. Selskab., Mat.-Fgs. Medd. 33, 1963

Ludeke, R., Parker, E.H.C., King, R.M.: MBE Surface and Interface Studies. In: Parker, E.H.C (ed.): The Technology and Physics of Molecular Beam Epitaxy., New York: Plenum Press 1985

Manasevit, H.M.: Single-Crystal Gallium Arsenide on insulating Substrates. Appl. Phys. Lett. 12, 156-159 (1968)

Münch, W.v.: Werkstoff der Elektrotechnik. Stuttgart: Teubner 1982

Nottenburg, R.N., Chen, Y.K., Panish, M.B., Humphrey, D.A., Hamm, R.: Hot-Electron InGaAs/InP Heterostructure Bipolar Transistors with f_T of 110 GHz. IEEE Electron Device Letters, 10 (1) (1989)

Ploog, K.: Molecular Beam Epitaxy of III/V-Compounds. In: Crystals: Growth, Properties, and Applications, Bd 3, III/V Semiconductors. Berlin Heidelberg: Springer 1980, pp 73-162

Ploog, K.: Molekularstrahl-Epitaxie von III/V-Halbleitern. 21 IFF-Ferienkurs: Festkörperforschung für die Informationstechnik, KFA Jülich GmbH, Zentralbibliothek, 1990.

Ruge, I.: Halbleiter-Technologie. 2nd ed. Berlin Heidelberg: Springer 1984

Schmitt, R.: Herstellung von InP und InGaAs-Feldeffekttransistoren mit diffundiertem p^+-Gate. Dissertation, Universität-GH-Duisburg, 1985

Shur, M.: GaAs Devices and Circuits. New York: Plenum Press 1987

Stringfellow, G.B.: Organometallic Vapor-phase epitaxy. San Diego: Academic Press 1989

Sze S.M.: Physics of Semiconductor Devices. 2nd ed. John Wiley 1981

Tsang, W.T.: From chemical vapor epitaxy to chemical beam epitaxy. J. Crystal Growth 95, 121-131 (1989)

Tsang, W.T.: Progress in Chemical Beam Epitaxy. J. Crystal Growth 105, 1-29 (1990)

Tsang, W.T.: A review of CBE, MOMBE and GSMBE. J. Crystal Growth 111, 529-538 (1991)

Varian INC.: Basic vacuum practice. Vacuum products division, Palo Alto, California.

Weisberg, L.R., Blanc J.: Diffusion with interstitial-substitutional equilibrium: Zinc in GaAs. Phys. Rev. 131, 1548 (1963)

Williams, R.E.: Gallium Arsenide Processing Techniques. Artech House, Dedham, 1984

Wutz W., Adam H., Walcher W.: Theorie und Praxis der Vakuumtechnik. Vieweg, Braunschweig 1992

Zrenner, A.: Elektronische Eigenschaften von Dotierschichten in GaAs. Dissertation, Technische Universität München, 1987

4 Material-Charakterisierung von Halbleiter-Heterostrukturen

Die Qualität von Halbleitermaterialien wird durch technische Größen wie

- Dotierung, Verunreinigung
- Dicke
- Zusammensetzung bei Mischkristallen
- Grenzflächenschärfe
- Kristallperfektion

angegeben. Ihre Kenntnis ist für die weitere Materialoptimierung unerläßlich. Bereits vor der Strukturierung der Materialien kann mit einigen Verfahren ohne jegliche Präparationstechnik die Schichtqualität sehr genau beurteilt werden. In diesem Kapitel werden die für III/V-Halbleiterheterostrukturen am häufigsten eingesetzten Verfahren besprochen: Photolumineszenz und Röntgenbeugung.

4.1 Photolumineszenz

4.1.1 Theoretische Grundlagen

Photolumineszenz entsteht durch strahlende Rekombination von Elektronen-Loch-paaren, die zuvor durch Absorption von Photonen (Lichtquanten) hinreichender Energie W erzeugt wurden. Bei Halbleitern mit „direkter" Bandstruktur besitzen die Valenzbandoberkante und die Leitungsbandunterkante im Impulsraum (k-Raum) den gleichen Wert. Unter Einhaltung der Impulserhaltung ist eine direkte Umsetzung der potentiellen Energie in Lichtenergie möglich (vgl. Abb. 4.1a):

$$W_{Ph} = h \cdot \upsilon = W_L - W_V. \tag{4.1}$$

Indirekte Halbleiter weisen nur unter Verwendung eines Phonons (thermische Gitterschwingung) Lumineszenz auf (vgl. Abb. 4.1b), die aufgrund der äußerst niedrigen Wahrscheinlichkeit des gemeinsamen Photon-/Phonon-Prozesses eine vernachlässigbare Intensität besitzt, d.h. nur „direkte" Halbleiter können praktisch mit Photolumineszenzmessungen charakterisiert werden. Der Gesamtprozeß der Photolumineszenz ist in den Abb. 4.1c-d präziser dargestellt. Die Anregung (vgl.

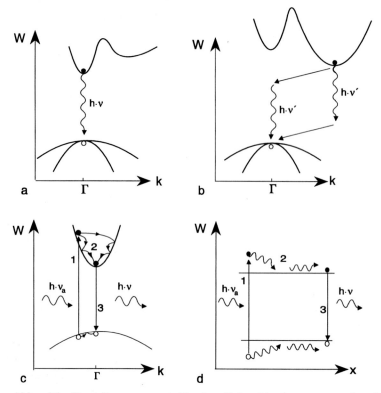

Abb. 4.1. Darstellung von strahlenden Rekombinationsprozesse im Halbleiter bei „direkter" Bandstruktur (**a**) und bei „indirekter" Bandstruktur unter Zuhilfenahme eines Phonons (**b**). Der Photolumineszenzvorgang in der Darstellung im Impulsraum (**c**) und Ortsraum (**d**) ist ein kombinierter Prozeß bestehend aus Anregung (1), nicht strahlender, thermischer (2) und strahlender (3) Rekombination.

Prozeß 1 in Abb. 4.1c-d) erfolgt durch Absorption einen Photons hinreichneder Energie $W_{Ph} = h \cdot \nu > W_g$. Die Rekombination ist ein Kombinationsprozeß bestehend aus thermischer, nicht strahlender Rekombination bis zu den Bandkanten (2) und strahlender Rekombination durch den direkten Leitungsband- Valenzbandübergang (3) mit einer Emissionsenergie gemäß Gl. (4.1). In Abb. 4.2 sind eine Reihe von möglichen strahlenden Übergängen angegeben. Sie lassen sich einteilen nach :

- Band-Band-Übergänge (1),
- Dotierstoff-Übergänge (2),
- Exzitonische Übergänge (3).

Im undotierten Halbleiter vollzieht sich der wahrscheinlichste strahlende Übergang unter Beteiligung eines Exzitons. Exzitonen sind Elektron-Loch Paare, die

4.1 Photolumineszenz

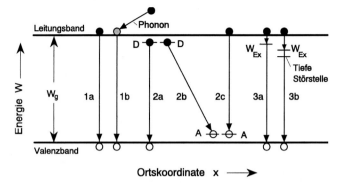

Abb 4.2. Schematische Darstellung strahlender Übergänge im Halbleiter (nach Guimaraes, 1992): direkter (**1a**) und indirekter (**1b**) Band-Band-Übergang (e,h); Dotierstoffübergänge mit Donator-Valenzband- (D^0,h) (**2a**), Donator-Akzeptor- (D^0,A^0) (**2b**) und Leitungsband-Akzeptor-Rekombination (e,A^0) (**2c**); Exziton-Übergänge über ein freies Exziton(X) (**3a**) und über ein an eine Störstelle gebundenes Exziton (D^0,X), (A^0,X), (d,X) (**3b**)

durch Coulomb-Kräfte räumlich gebunden sind. Exzitonen bilden einen nach außen hin ungeladenen Komplex, der im Halbleiter beweglich ist. Sie können gleich einem Wasserstoffatom betrachtet werden. Die Bindungsenergie der räumlichen Kopplung von Elektron und Loch entspricht der Ionisationsenergie des Wasserstoffmodels. Die energetische Lage des Exzitons im Bändermodel befindet sich daher um diesen Energiebetrag W_{Ex} unterhalb der Bandkanten und beträgt einige meV. Mit Hilfe des Wasserstoffmodells kann er berechnet werden zu :

$$W_{Ex} = \frac{-m_r \cdot q^4}{2 \cdot \hbar^2 \cdot (\varepsilon_0 \cdot \varepsilon_r)^2} \cdot \frac{1}{n^2} \tag{4.2}$$

m_r: Masse des Exzitons
$\varepsilon_0, \varepsilon_r$: Dielektrizitätszahl
n: 1,2,3,...

$$\frac{1}{m_r} = \frac{1}{m_n^*} + \frac{1}{m_p^*} \tag{4.3}$$

m_n^*, m_p^*: Effektive Masse der Elektronen und Löcher

Der Grundzustand (n = 1) des Exzitons im GaAs befindet sich ca. 5,4 meV unterhalb der Bandkante. Technische Halbleiter besitzen in der Bandlücke Zustände durch Störstellen; sei es durch gewollte Dotierung oder durch die begrenzte Reinheit des Kristalls. Rekombination unter Beteiligung dieser Zustände werden als extrinsisch bezeichnet (vgl. Prozeß 2a-c in Abb. 4.2). Der Abstand zwischen Donatorniveau und Leitungsband beträgt ca 6 - 8 meV. Das Akzeptorniveau ist typisch 20 meV über der Valenzbandkante.

Eine detaillierte Darstellung der Wechselwirkung von Licht und Festkörpern kann dem Standardwerk von Pankove entnommen werden. Speziell für III/V-Halbleiter sei auf die Arbeiten von Guimaraes (1992) und Liu (1996) verwiesen.

4.1.2
Meßaufbau

Photolumineszenzmeßplätze bestehen aus

- einer Photonenquelle (meistens Laser) geeigneter Energie zur Erzeugung von Elektronen-/Lochpaaren,
- einer Probenstation, die eine Abkühlung der Halbleiterprobe erlaubt, um störende Gitterschwingungen, die nicht strahlende Rekombinationen hervorrufen, zu unterdrücken,
- einem Detektorsystem das die vom Halbleiter erzeugte Lumineszenz als Funktion der Wellenlänge ermittelt. Dies ist möglich entweder über Fourieranalyse des gesamten Spektrums oder über ein wellenlängenvariables Filter (Monochromator) mit anschließenem Detektor.

In Abb. 4.3 ist als Beispiel ein Aufbau mit Laser, Monochromator und einer Reihe von Detektoren für unterschiedliche Wellenlängenbereiche angegeben. Der optische Teil besteht aus einen Argonionen-Laser, mehreren Irisblenden, Linsen, Umlenkprismen, Filtern, dem Monochromator und Detektoren für den jeweiligen Zielwellenlängenbereich.

Der Laserstrahl wird nach seinem Austritt durch Prismen um 90 ° umgelenkt und über eine Linse auf die Probe fokussiert. Die Probe wird in einem Kryostaten auf eine Temperatur zwischen Raumtemperatur und T = 10 K eingestellt. Die erzeugte Photolumineszenz wird von einer Linse gesammelt und über eine weitere Linse auf den Eintrittsspalt des Monochromators fokussiert. Das Photolumi-

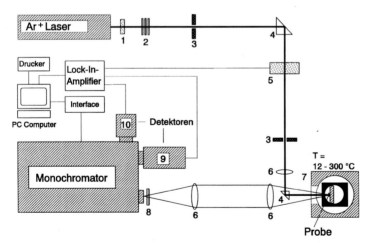

Abb. 4.3: Schematische Darstellung eines Photolumineszenzmeßplatzes **(1)** Laserinterferenzfilter, **(2)** Graufilter, **(3)** Irisblende, **(4)** Umlenkprisma, **(5)** Chopper, **(6)** Fokussierlinse, **(7)** Probenkammer des Kyrostaten, **(8)** Kantenfilter, **(9)** GaAs-Photomultiplier **(10)** und Germaniumdetektor

neszenzlicht wird mit dem Beugungsgitter des Monochromators spektral zerlegt und entsprechend der Wellenlänge auf den geeigneten Detektor gerichtet. Der GaAs-Photomultiplier ist für den Wellenlängenbereich von 190 nm bis 930 nm geeignet. Für den Wellenlängenbereich von 800 nm bis 1800 nm ist eine gekühlte Germaniumdiode vorgesehen und für noch größere Wellenlängen kommen Halbleiter mit kleinerem Bandabstand wie PbS und InAs zum Einsatz.

4.1.3
Anwendungsbeispiele

4.1.3.1
Undotiertes GaAs

Abb. 4.1.4 zeigt das Spektrum einer undotierten GaAs-Epitaxieschicht aus der MOVPE aufgenommen bei einer Meßtemperatur von 12 K und einer Anregungsenergie des Lasers von 3 mW. Der Hauptpeak bei W =1,514 eV ensteht durch exzitonische Rekombinationen. Das Maximum bildet die Rekombination des freien Exzitons mit der Valenzbandkante (Vergleiche Übergang 3a. in Abb. 4.1.2). Darüber hinaus sind weitere Nebenpeaks erkennbar, die über Störstellen gebunden Rekombinationen zugeordnet werden können (vgl. Guimaraes, 1992). Im Energiebereich von 1,481 eV bis 1,497 eV kann ein Band von Peaks beobachtet werden, welches durch flache Störstellen hervorgerufen wird. Sie werden durch den unerwünschten Einbau von Kohlenstoff auf einem Akzeptorplatz und/oder von Silizium auf einem Donatorplatz erklärt (Übergänge 2b, 2c).

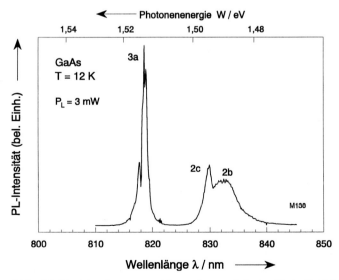

Abb. 4.4. Photolumineszenzspektrum einer undotierten GaAs-Schicht aus der MOVPE

4.1.3.2
Undotiertes $Al_xGa_{1-x}As$

Der Bandabstand von $Al_xGa_{1-x}As$ ist eine Funktion der Materialzusammensetzung, so daß im Umkehrschluß aus der Energie der Photolumineszenz auf den x-Gehalt geschlossen werden kann. In Abb. 4.5 ist das Spektrum einer $Al_xGa_{1-x}As$-Probe mit 26 % Al-Gehalt (x = 0,26) dargestellt. Das Meßergebnis wurde bei einer Temperatur von 12 K aufgenommen. Im Vergleich zum GaAs (Abb. 4.4) wurde eine erheblich höhere Anregungsenergie von 120 mW eingestellt wodurch auch hier der exzitonische Übergang 3a den extrinsischen Dotierstoffübergang überragt. Der zugehörige Peak bei $\lambda = 678,5$ nm ist dem Kohlenstoff zuzuordnen (Übergang 2c).

Für x < 0,45 läßt sich der Zusammenhang zwischen dem exzitonischen Übergang (3c) und Al-Gehalt x angeben zu (Kolbas, 1979):

$$\frac{W_{\lambda_{3a}}(x,T)}{eV} = 1,519 + 1,267 \cdot x - \frac{5,405 \cdot 10^{-4} \cdot T^2/K^2}{T/K + 204} \quad (4.4)$$

In Abb. 4.6 ist die Gleichung (4.4) für eine Meßtemperatur von 12 K für die Peakwellenlänge des exzitonischen Überganges λ_{3a} aufgetragen. Aus der gemessenen Wellenlänge λ_{3a} aus Abb. 4.5 läßt sich der dort angebene Al-Gehalt von 26 % bestätigen. Die energetische Lage der Nebenminima des Leitungsbandes im $Al_xGa_{1-x}As$ L(x) und X(x) als Funktion des Al-Gahaltes x skalieren nicht parallel zum Hauptminimum Γ(x). Für x > 0,45 ist das Hauptminimum energetisch nicht

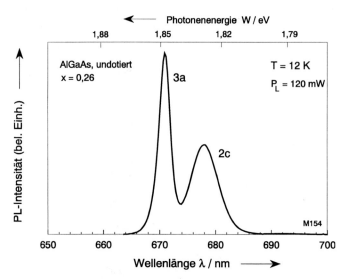

Abb. 4.5. Photolumineszenzspektrum einer undotierten $Al_xGa_{1-x}As$ Schicht mit einer Exzitonenrekombinationsenergie des $Al_xGa_{1-x}As$ von $\lambda_{3a} = 671$ nm aus der MOVPE (x = 0,26)

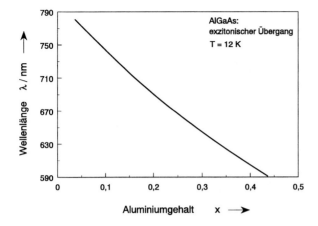

Abb. 4.6. Abhängigkeit der Photolumineszenzwellenlänge vom Al-Gehalt einer $Al_xGa_{1-x}As$-Schicht ($0 < x < 0,45$)

mehr das Minimum des Leitungsbandes. $Al_xGa_{1-x}As$ wird dann ein indirekter Halbleiter und kann nicht mehr mit Photolumineszenz charakterisiert werden.

4.1.3.3
Dotierte Halbleiter

Ionisierte Dotierstoffrümpfe schirmen Exzitonen im Kristall ab, so daß der Band-Band Übergang (1a) dominant wird. In Abb. 4.7 ist das Spektrum einer dotierten GaAs Schicht ($N_D = 1 \cdot 10^{17}$ cm^{-3}) aus der MOVPE abgebildet. Die Messung wurde bei 12 K und einer relativ niedrigen Anregungsenergie von 5 mW aufgenommen, so daß die Dotierstoffübergänge den intrinsischen Übergang 1a überragen. Der Peak von $\lambda = 818$ nm wird dem Band-Band Übergang (1a) zugeordnet. Das Doublet repräsentiert die Wechselwirkung von :

- Leistungsband-Akzeptor (2c): $\lambda = 828$ nm
- Donator-Akzeptor (2b): $\lambda = 834$ nm

Die Energie des Band-Band Übergangs (1a) errechnet sich zu (vgl. Abb. 4.8):

$$W_{ph} = W_g + W_n + W_p \tag{4.5}$$

Die Energie im Valenzband W_p kann aufgrund der großen Krümmung vernachlässigt werden. Die Energie W_n gibt an, wie weit das Leitungsband aufgefüllt ist. Sie hängt von der Dotierung und der Zustanddichte des Bandes ab und kann durch der FERMI-Energie beschrieben werden, wobei jedoch ein Abzug von

$$W_n = W_F - 4kT \tag{4.6}$$

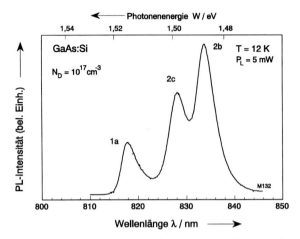

Abb. 4.7. Photolumineszenzspektrum einer Si-dotierten GaAs-Schicht aus der MOVPE

vorgenommen wird, um zu berücksichtigen, daß bei $W = W_F$ nur die Hälfte aller Zustände besetzt sind. Die Fermi-Energie ist mit der Elektronenkonzentration verknüpft, wobei in der Entartung nicht mehr mit der Fermi sondern mit der exakten Boltzmann-Statistik gerechnet werden muß:

$$n = \int_{W_L}^{\infty} N_L \cdot \left[1 + \exp\left(\frac{W - W_F}{kT}\right)\right]^{-1} dW \qquad (4.7)$$

n: Elektronenkonzentration
N_L: effektive Zustandsdichte des Leitungsbandes

Der mit der Dotierung zunehmende Abschirmungseffekt kann der Abb. 4.9 ent-

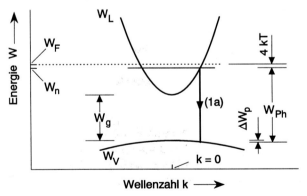

Abb. 4.8. Photolumineszenzemission eines direkten Halbleiters für sehr hohe n-Dotierung anhand des Energiebandmodelles im k-Raum

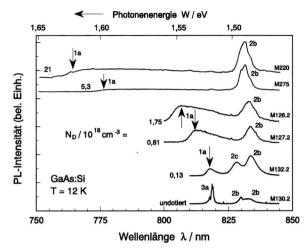

Abb. 4.9. Photolumineszenzmessungen an Si-dotiertem GaAs aus der MOVPE (nach Krätzig, 1990)

nommen werden. Hier sind PL-Spektren für eine Reihe von Si-Dotierungen im GaAs aufgetragen. Weiterhin ist zu erkennen, daß mit Zunahme der Dotierung der Band/Band-Übergang zu niedrigeren Wellenlängen verschoben wird.

Die Gleichungen (4.5) - (4.7) beschreiben den Zusammenhang zwischen Elektronenkonzentration und Photonenenergie für Dotierungen oberhalb der effektiven Zustandsdichte des Leitungsbandes (Burstein-Moss-Modell). In Abb. 4.10 ist dieser Zusammenhang im experimentellen Vergleich für Si-dotiertes $Ga_{0,51}In_{0,49}P$ dargestellt.

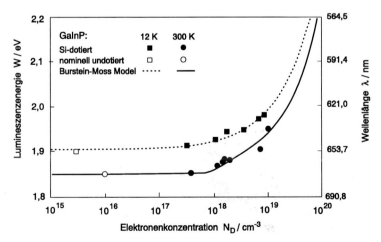

Abb. 4.10. Photolumineszenzenergie der Bandkantenrekombination von Si-dotiertem $Ga_{0,51}In_{0,49}P$ im Vergleich zum Burstein-Moss-Modell (nach Liu, 1996)

4.1.3.4
Quantenbrunnen

Durch das Aufeinanderwachsen von Halbleitern mit großem und mit kleinem Bandabstand können Quantenbrunnen hergestellt werden. Das Material mit dem geringeren Bandabstand bildet den Topf und das Material mit dem größeren Bandabstand die Wände (vgl. Abb. 4.11). Wenn das Topfmaterial hinreichend dünn ist, sind die energetischen Zustände der darin befindlichen Ladungsträger quantisiert. Im einfachsten Fall werden diese Strukturen durch Einbettung einer GaAs-Schicht zwischen zwei $Al_xGa_{1-x}As$ Barrierenschichten mit atomar scharfer Grenzfläche erzeugt. In Abb. 4.11 ist ein Schichtaufbau dargestellt, indem 3 Quantenbrunnen übereinander mit unterschiedlicher Dicke L_{Z1} - L_{Z3} aufgewachsen wurden. Die Wandhöhe wird durch die Banddiskontinuitäten ΔW_L, ΔW_V gegeben und ist somit eine Funktion des Al-Gehaltes. Die Möglichkeit zur theoretischen Beschreibung bietet die Anwendung der Schrödinger-Gleichung für einen Potentialtopf mit endlich hohen Wänden:

$$\tan^2\left(\sqrt{\frac{m_T \cdot W \cdot L_Z^2}{2\hbar^2}}\right) - \frac{m_B \cdot (V-W)}{m_T \cdot W} = 0 \qquad (4.8)$$

- W: Eigenwert im Potentialtopf
- L_Z: Dicke des Potentialtopfes
- $m_{B,T}$: Teilchenmasse in der Barriere (m_{AlGaAs}) und im Topf (m_{GaAs})
- V: Topfhöhe (ΔW_L, ΔW_V)

Die Gleichung (4.8) muß sowohl auf den Leitungsbandtopf wie auf den Valenzbandtopf angewendet werden. Die Rekombinationswahrscheinlichkeit ist bei

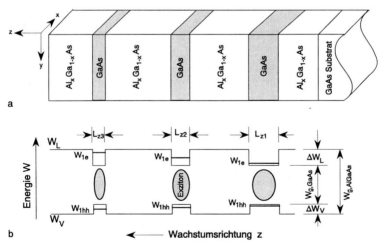

Abb. 4.11. Schichtaufbau (**a**) und Bandstruktur (**b**) von aufeinander gewachsenen Quantenbrunnen im Materialsystem GaAs/$Al_xGa_{1-x}As$

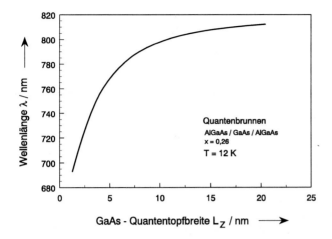

Abb. 4.12. Abhängigkeit der Wellenlänge der Quantentopfemission als Funktion der Topfbreite für einen Aluminiumgehalt x = 26 % in der Barrierenschicht (T = 12 K)

niedriger Anregungsintensität am wahrscheinlichsten für das unterste Niveau im Leitungsbandtopf (n = 1, $W_{1,e}$) und das oberste Niveau im Valenzbandtopf mit einem schweren Loch (W_{1hh}). Der Hauptpeak der Lumineszenz hat eine Energie

$$W = h \cdot \upsilon > W_{g,GaAs} + W_{1e} + W_{1hh} - W_{Ex} \tag{4.9}$$

Unter diesen Bedingungen liefert die Lösung der Gl. (4.8) die in Abb. 4.12 wiedergegebene Abhängigkeit der Emissionswellenlänge von der GaAs-Schicht-

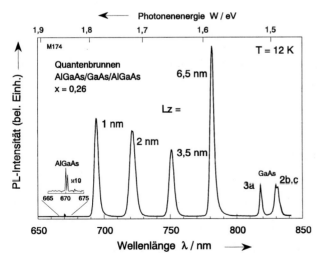

Abb. 4.13. Photolumineszenzspektrum einer Vielfach-Quantenstruktur (T = 12 K)

dicke für einen Aluminiumgehalt von 30 % (x = 0,26). In Abb. 4.13 ist Emissionsspektrum einer Schichtstruktur gemäß Abb. 4.11 jedoch mit vier Quantentöpfen gezeigt. Es gibt zunächst die Rekombinationen des GaAs (3a, 2b-c) im Bereich von 820 nm ebenso wieder wie des AlGaAs bei 670 nm. Wegen der geringen AlGaAs-Pufferschichtdicke ist jedoch die strahlende Rekombination des AlGaAs gering. Die höchsten Intensitäten liefern jedoch die Quantentöpfe selbst. Die Dicke der GaAs-Töpfe, hier im Bereich von $L_z = 1$ nm bis 6,5 nm, wird aus der in Abbildung. 4.12 gezeigten Abhängigkeit der Emissionswellenlänge von der Topfdicke für das verwendete Barrierenmaterial $Al_xGa_{1-x}As$ (x = 0.26) abgelesen.

4.2 Röntgenbeugung

Die Atome eines Halbleiterkristalles sind regelmäßig in einem komplizierten Gitter angeordnet (vgl. Kap. 1). Die Erforschung der geometrischen Struktur erfolgte zu Beginn dieses Jahrhunderts mittels der Beugungsspektren von Röntgenstrahlen (Laue-Diagramme, s. Krischner 1974). In der Halbleitertechnologie wird die Röntgenbeugung zur Ermittlung der Abmaße geometrisch periodischer Systeme eingesetzt. Solche Systeme sind

- die Gitterkonstanten a_{hkl} des Kristalls
- Übergitter mit periodischen Dicken

4.2.1
Theoretische Grundlagen

Ein paralleler, monochromatischer Röntgenstrahl, der im Winkel ϑ zur Gitterebene einfällt, wird an der Ebene (hkl) gebeugt und fällt im gleichen Winkel ϑ wieder aus. Ein paralleler Strahl, der unter dem gleichen Winkel ϑ die im Abstand d darunter liegende Netzebene trifft, wird phasengleich reflektiert, wenn der Gangunterschied Δl (vgl. Strecken BC + CD in Abb. 4.14) ein ganzzahliges Vielfaches der Wellenlänge λ des Strahles ist:

$$\Delta l \stackrel{!}{=} n \cdot \lambda \tag{4.10a}$$

$$\Delta l = 2 \cdot d \cdot \sin \vartheta \tag{4.10b}$$

Daraus folgt das Braggsche Gesetz:

$$n \cdot \lambda = 2 \cdot d \cdot \sin \vartheta_B \tag{4.11}$$

Der Winkel $\vartheta = \vartheta_B$ der die Bedingung Gl. (4.11) erfüllt heißt Bragg-Winkel. In Abb. 4.14 ist die Bragg Bedingung graphisch illustriert. Im Halbleiterkristall kann der geometrische Abstand d in Gittergrößen umgerechnet werden:

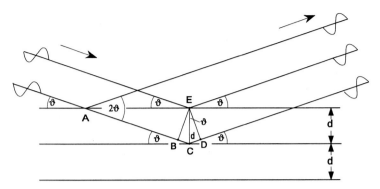

Abb. 4.14. Braggsches Gesetz: Amplitudenaddition bei phasengleicher Beugung an einem geometrisch periodischen System der Periodenlänge d (vgl. Krischner, 1974)

$$d = \frac{a}{\sqrt{h^2 + k^2 + l^2}} \qquad (4.12)$$

a: Gitterkonstante des Kristalls
h,k,l: Millersche Indizes der Ebenen

Meßtechnisch wird die Bragg-Bedingung dadurch erfaßt, daß die Intensität des reflektierten Strahles als Funktion des Einfallwinkels ϑ gemessen wird. Für $\vartheta = \vartheta_B$ gilt:

$$I(\vartheta_B) = I_{max} \qquad (4.13)$$

In Abb. 4.15 ist das Ergebnis $I(\vartheta)$ für zwei Schichten

- GaAs-Substrat mit $\vartheta_{B,S}$
- AlGaAs-Epitaxieschicht mit $\vartheta_{B,E}$

aufgezeigt. Bei diesem System existieren zwei Winkel $\vartheta_i = \vartheta_{B,i}$. Für n = 1 und für den gemessenenen (400) Reflex (h = 4, k = 0, l = 0) folgt zunächst in Anwendung der Gleichung (4.12)

$$d = \frac{a_0}{4} \qquad (4.14a)$$

und weiter unter Verwendung der Bragg-Bedingung gemäß Gleichung (4.11):

$$\frac{a_{0,S}}{4} = \frac{\lambda}{2 \cdot \sin \vartheta_{B,S}} \qquad (4.14b)$$

$$\frac{a_{0,E}}{4} = \frac{\lambda}{2 \cdot \sin \vartheta_{B,E}} \qquad (4.14c)$$

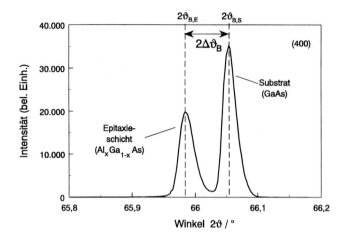

Abb 4.15. Intensität als Funktion des Winkels 2ϑ eines an einem zweifach geometrisch periodischen System gebeugten Röntgenstrahls: hier $Al_xGa_{1-x}As$ Epitaxieschicht auf GaAs Substrat

Diese Ableitung ist auf andere geometrisch periodischen Systeme übertragbar. Im Kristalgitter existieren eine Fülle von Gitterebenen, die durch die Millerschen Indize (h,k,l) bezeichnet werden. Jede dieser Ebenen kann die Bragg-Bedingung erfüllen. Die Ausbildung von Intensitätsmaxima $I(\vartheta = \vartheta_B) = I_{max}$ ist jedoch an Auswahlkriterien gebunden. In III/V-Halbleitern mit Zinklblendekristallstruktur erzeugen nur bestimmte Kristallrichtungen (hkl) mit

- h,k,l gerade, h+k+l =4n,
- h,k,l gerade, h+k+l = 4n+2
- h,k,l ungerade,

ein Intensitätsmaximum. Sind h,k,l gemischt gerade und ungerade so gibt es kein Intensitätsmaximum. Für den oben genannten zweiten Fall kann es weiterhin materialspezifisch zur Auslöschung und quasi-verbotenen Reflexen kommen wie z.B. für GaAs (200).

Die Messung von Kristallebenen, die nicht parallel zur Oberfläche verlaufen, erfordern besondere Betrachtungen. Da meist (100)-Substrate verwendet werden, gilt dies für alle Ebenen mit k,l ungleich Null. In Abb. 4.16b ist die Bragg-Bedingung für eine Ebene erläutert, die den Winkel ϕ zur Oberfläche bildet. Für den Einfallswinkel ω und Ausfallwinkel ω_a zur Wafer-oberfläche gilt

$$\omega = \vartheta - \phi \tag{4.15a}$$

$$\omega_a = \vartheta + \phi \tag{4.15b}$$

4.2 Röntgenbeugung

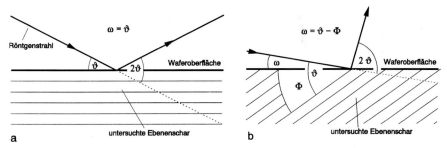

Abb. 4.16. Geometrie der Strahlführung für symmetrische (**a**) und asymmetrische (**b**) Reflexion

In Bezug auf die Waferoberfläche ist die Differenz zwischen Einfall- und Ausfallwinkel

$$\Delta\omega = \omega_a - \omega = 2\phi \qquad (4.15c)$$

gleich dem doppelten Winkel der Gitterebene zur Halbleiteroberfläche. Sie wird asymmetrische Reflektion genannt.

4.2.2 Meßaufbau

Das Röntgendiffraktometer besteht aus folgenden Elementen (vgl. Abb. 4.17):

- Röntgenquelle:
  Elektronen werden im elektrischen Feld (5 KV < U < 60 KV) beschleunigt

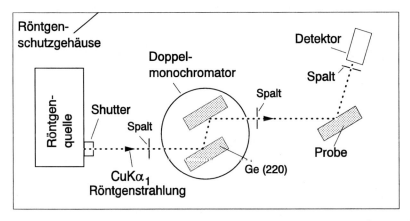

Abb. 4.17. Schematische Darstellung eines Röntgendiffraktometer-Meßaufbaues mit Doppelmonochromator

und auf eine Anode gerichtet. Die dabei entstehende Strahlung (Bremsstrahlung) ist materialspezifisch. Die Anode besteht meist aus Kupfer und die CuKα1-Strahlung ($\lambda \approx 0{,}154$ nm) wird verwendet.

- Monochromator:
  Die Auflösung des Meßverfahrens erfordert einen möglichst monochromatischen Strahl. Die von der Röntgenquelle emittierte Strahlung wird auf ein Ge-Einkristallsubstrat gerichtet. Es wird dabei ein Winkel eingestellt, der für die gewünschte Welenlänge $\lambda_{CuK\alpha1}$ die Bragg-Bedingung erfüllt. Die anderen Wellenlängen fallen heraus. Dieser Vorgang kann mehrfach wiederholt werden, wobei der Strahl fortschreitend monochromatisiert und kollimiert wird jedoch auch an Intensität verliert. Röntgendiffraktometer werden nach der Zahl der verwendeten Monochromatoren als einfach-, zweifach- oder auch vierfach- Diffraktometer bezeichnet.

- Probentisch:
  Der Probentisch wird mit Schrittmotoren mit einer Winkelauflösung von $0{,}001°$ gesteuert. Hierbei muß sowohl die Probenoberfläche im Winkel ω zum Strahl als auch der Detektor im Winkel 2ϑ zum Strahl gedreht werden. Die Winkelauflösung des Probentisches liegt mit $0{,}001°$ in der Nähe des mechanisch möglichen. Es ist nur dann sinnvoll, diesen Wert weiter zu verbessern, wenn der Strahl im entsprechenden Umfang kollimiert und monochromatisiert ist.

- Detektor
  Der Detektor ist als Szintillationszähler ausgeführt. Er mißt die Anzahl der einfallenden Photonen des Röntgenstrahls und muß eine möglichst hohe Dynamik (ca. 6 Größenordnungen) und ein extrem hohes Signal zu Rauschverhältnis aufweisen.

- Rechnersteuerung
- Schutzgehäuse für Röntgenstrahlen

4.2.3
Anwendungsbeispiele

Röntgendiffraktometrie ist ein zerstörungsfreies, hochauflösendes Meßverfahren mit mäßigem apparativen Aufwand. Es können u.a. folgende Informationen in Bezug auf die III/V-Halbleitertechnologie gewonnen werden:

- Gitterfehlanpassung
- chemische Zusammensetzung eines Mischkristallhalbleiters
- Periodenlänge eines Übergitters
- Epitaxieschichtdicke zwischen Barrierenschichten

4.2.3.1
Gitterfehlanpassung

In Abb. 4.15 ist das Intensitäts-Winkel Diagramm einer $Al_xGa_{1-x}As$ Epitaxieschicht auf einem GaAs Substrat dargestellt. $Al_xGa_{1-x}As$ weist nur eine geringe Fehlanpassung auf, die zu einer elastischen Verspannung des Kristallgitters führt (vgl. Abb. 1.9). Die Gitterkonstante parallel zum Substrat bleibt erhalten, senkrecht dazu jedoch verändert sie sich proportional zum x-Gehalt (tetragonale Verspannung, vgl. Abb. 1.9). In der symmetrischen Reflexion wird diese Gitterkonstante in (001)-Richtung gemessen (vgl. Abb. 4.16a), so daß die Winkeldifferenz der Intensitätsmaxima proportional zur Gitterfehlanpassung ist. Für die Wellenlänge der $Cu_{K\alpha 1}$-Strahlung ist für n = 4 ein hinreichender Wegunterschied für die Einhaltung der Bragg-Bedingung für Winkel im Bereich von $\vartheta \approx 33°$ ($2\vartheta \approx 66°$) erzielt, so daß ohne Einschränkung des abgeleiteten Prinzips der (004)-Reflex zur Bestimmung der Gitterfehlanpassung verwendet wird. Allgemein ist die Funktion

$$\frac{\Delta a}{a_S} = \frac{a_E - a_S}{a_S} = f(\vartheta_{E,S} - \vartheta_{B,S}) = f(\Delta\vartheta) \qquad (4.16)$$

gesucht. Die Bragg-Bedingung lautet (n = 1, d = a_0/4)

$$\frac{a_0}{4} \cdot \sin\vartheta_B = \lambda \qquad (4.17)$$

Die Gl. (4.17) ist eine Funktion zweier veränderlicher $\lambda = f(a_0, \vartheta_B)$, deren Lösung um den Aufpunkt $a_{0,S}$, $\vartheta_{B,S}$ für hinreichend kleine Δa, $\Delta\vartheta$ durch das totale Differential beschrieben werden kann:

$$d\lambda = \frac{\partial f}{\partial a} \cdot da + \frac{\partial f}{\partial \vartheta} \cdot d\vartheta \qquad (4.18a)$$

Bei Anwendung der Gl. (4.18a) auf die Funktion f aus Gl. (4.17) folgt

$$d\lambda = 0 \qquad (4.18b)$$

$$\sin\vartheta_{B,S} \cdot da_0 + a_{0,S} \cdot \cos\vartheta_{B,S} \cdot d\vartheta_B = 0 \qquad (4.18c)$$

Für kleine Δa bzw. $\Delta\vartheta_B$ gilt näherungsweise:

$$\Delta a \cdot \sin\vartheta_{B,S} = -\Delta\vartheta \cdot a_{0,S} \cdot \cos\vartheta_{B,S} \qquad (4.18d)$$

$$\frac{\Delta a}{a_{0,S}} = -\Delta\vartheta \cdot \cot\vartheta_{B,S} \qquad (4.19)$$

In Abb. 4.15 ist die Intensität I(2ϑ) einer symmetrischen (400)-Reflexmessung dargestellt. Der Hauptpeak wird dem GaAs Substrat zugeordnet; der kleinere und breitere Peak der Epitaxieschicht. Die Gitterfehlanpassung läßt sich gemäß Gl. (4.19) errechnen.

4.2.3.2
Chemische Zusammensetzung

Bei elastisch verspannten Gittern mit tetragonaler Verformung der Einheitszelle muß die gemessene vertikale Gitterfehlanpassung in (004)-Richtung in eine unverspannte Gitterkonstante umgerechnet werden. Es gilt:

$$\left(\frac{\Delta a}{a}\right)_\perp = \left(\frac{\Delta a}{a}\right)_r \cdot \left(\frac{1+\nu}{1-\nu}\right) \tag{4.20}$$

ν: Poisson Verhältnis
r: relaxiert

Die relaxierte Gitterkonstante kann dann mit Hilfe des Vegardschen Gesetzes in ein Mischungsverhältnis x umgerechnet werden (vgl. Abb. 1.8):

$$\left(\frac{\Delta a}{a}\right)_r = \left(\frac{a(x)-a}{a}\right)$$

Für das in Abb. 4.15 gezeigte Beispiel gilt

$$\left(\frac{\Delta a}{a}\right)_r = \frac{x \cdot a_{AlAs} + (1-x) \cdot a_{GaAs} - a_{GaAs}}{a_{GaAs}}$$

$$= x \cdot \frac{a_{AlAs} - a_{GaAs}}{a_{GaAs}}$$

$$\Leftrightarrow x = \frac{\left(\frac{\Delta a}{a}\right)_r \cdot a_{GaAs}}{a_{AlAs} - a_{GaAs}} \tag{4.21}$$

4.2.3.3
Periodenlänge eines Übergitters

Ein Übergitter besteht aus einer n-fachen Wiederholung von m-Einzelschichten. Die Periodenlänge ist daher:

$$l_p = l_1 + l_2 + \ldots + l_m = k_1 a_1 + k_2 a_2 + \ldots + k_m a_m \tag{4.22}$$

mit den jeweiligen Gitterkonstanten a_1, a_2, a_m. Die Gesamtlänge des Übergitters beträgt:

$$l = n \cdot l_p \tag{4.23}$$

Die mittlere Gitterkonstante $\bar{a}$ des Übergitters

$$\bar{a} = \frac{k_1 a_1 + k_2 a_2 + \ldots + k_m a_m}{k_1 + k_2 + \ldots + k_m} \tag{4.23a}$$

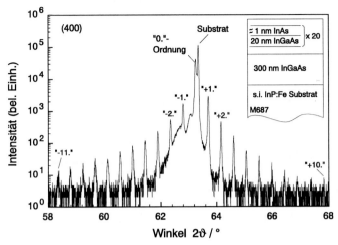

Abb. 4.18. Röntgenbeugungsspektrum eines InAs/InGaAs Übergitters (m = 2, n = 20) in der Nähe des (400)-Reflexes

erfüllt die Bragg-Bedingung

$$\frac{\Delta a}{a_{0,S}} = \frac{\overline{a} - a_{0,S}}{a_{0,S}} = -\Delta\vartheta_B \cdot \cot\vartheta_{B,S} \tag{4.24}$$

gemäß Gl. (4.19) und kann mit Röntgenbeugung ermittelt werden. Die Periodizität des Übergitters wird durch Röntgenbeugung in einem periodisch wiederholten Spektrum abgebildet (vgl. Abb. 4.18). Der Abstand zweier Peaks i, i+1 Ordnung kann zur Bestimmung der Periodenlänge l_p verwendet werden (Tapfer u.a., 1986). Da jeweils Vielfache der Bragg-Bedingung

$$n \cdot \lambda = 2 l_p \cdot \sin\vartheta_B$$

für i, i +1 erfüllt werden, läßt sich die Periodenlänge ableiten zu:

$$l_p = \frac{\lambda \cdot \gamma}{\Delta\vartheta} \cdot (\sin 2\vartheta_{B,0})^{-1} \tag{4.25}$$

$\gamma = \sin(\vartheta_B + \phi)$
ϕ: Winkel zwischen Oberfläche und Ebenenschar

4.2.3.4
Epitaxieschichtdicke

Die Epitaxieschichtdicke einer Mittelschicht z.B. einer InGaAs zwischen InP-Schichten läßt sich ebenfalls aus der Röntgenbeugung bestimmen. Hierbei treten periodische Interferenzmuster, sogenannte Pendellösungen, auf (vgl. Abb. 4.19),

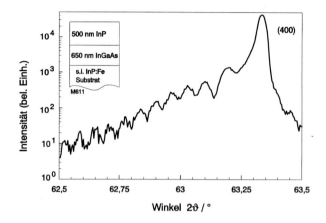

Abb. 4.19. Röntgenbeugungsspektrum einer InP/InGaAs/InP Heterostruktur

deren Winkelperiodizität $\Delta\vartheta$ in eine Schichtdicke umgerechnet werden kann (Bartels, 1983, Tanner, 1988).

$$d = \frac{\lambda \cdot \gamma}{\Delta\vartheta \cdot \sin 2\vartheta_B} \qquad (4.26)$$

$$\gamma = \sin(\vartheta_B + \phi)$$

Das Auftreten von Pendellösungen ist theoretisch für Epitaxieschichtdicken bis zur Extinktionsgrenze möglich. In der Praxis wird die Obergrenze jedoch durch die Winkelauflösungsvermögen der Apperatur begrenzt und erreicht Werte von bis zu ca. 650 nm (Liu, 1996). Bei Reduzierung der Schichtdicke erhöht sich die Winkeldifferenz der Pendellösung; die Intensität nimmt jedoch ebenfalls ab. Daraus ergibt sich eine untere Grenze von ca. 20 nm. Unter bestimmten Bedingungen, z.B. bei zentralsymmetrischer Anordnung (A-B-A) der Schichten ist eine noch höhere Dickenauflösung einzelner Schichten bis unter 10 nm möglich.

4.2.3.5
Überordnung in ternären Mischkristallen

Neben den durch die Epitaxie erzeugten Übergitter durch Heterostrukturschichten existieren in einigen Mischkristallhalbleitern Überordnungen der Gruppe-III Atome, die ein Übergitter im Monolagenabstand bilden können. Dieser Effekt ist für eine Reihe von Mischkristallen bekannt. Die Überordnungen treten auf bestimmten Kristallebenen auf und können von den Herstellungsbedingungen beeinflußt werden. Dieser Ordnungseffekt ist wegen der relativ großen Auswirkung auf die Bandstruktur und der großen Abhängigkeit von den Herstellungsbedingungen besonders intensiv für das $Ga_{0,51}In_{0,49}P$ untersucht worden (z.B. Liu, 1996).

Unter bestimmten Wachstumsbedingungen ist es für die Ga- und In-Atome energetisch günstiger im Zinkblendegitter definierte Positionen einzunehmen. Dies führt beim $Ga_{0,51}In_{0,49}P$ dazu, daß sich in $\{1/2, 1/2, k\}$-Ebenen (k beliebig) alternierend GaP/InP Übergitter ausbilden mit einer Periodenlänge

$$l_p = a_{1/2,1/2,k}$$

Diese Übergitterstrukturen bilden eine geometrisch perioisches System und können daher mit Röntgenbeugung analysiert werden. Die hierzu benötigte Anordnung ist in Abb. 4.20 dargestellt. Zur Erfassung der $\{1/2,1/2,k\}$- Ebenen wird eine asymetrische Messung benötigt. Die Strahlführung erfordert jeoch ein $\omega > 0$, damit der einfallende Strahl von oben auf den Wafer fällt (vgl. Abb. 4.20). Es konnte mit gutem Ergebnis die (1,1,5)-Ebene ausgemessen werden. Für diesen Fall gilt:

$$l_p = \frac{1}{2} a_{InP} + \frac{1}{2} a_{GaP} = a_{GaInP(115)} \tag{4.27}$$

Für den Fall der Gitteranpassung auf GaAs gilt:

$$a_{GaInP} = a_{GaAs} = 0{,}56533 \text{ nm} \tag{4.28a}$$

Mit Hilfe von Gl. 4.12 läßt sich die Gitterkonstante der gemessenen Kristallebene bestimmen:

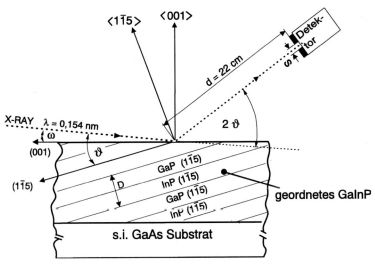

Abb. 4.20. Meßaufbau zum Nachweis der GaP/InP Überordnung in der $\bar{1}\bar{1}5$-Ebene von $Ga_{0,51}In_{0,49}P$ Mischkristallen

$$a_{GaInP(115)} = \frac{a}{\sqrt{(1/2)^2 + (1/2)^2 + (5/2)^2}} = 0{,}218 \text{ nm} \qquad (4.28b)$$

Der Bragg-Winkel ϑ für n = 1 beträgt gemäß Gl. (4.14)

$$\vartheta_B = \arcsin\left(\frac{\lambda \cdot n}{2 \cdot a_{115}}\right) = 20{,}72° \qquad (4.29)$$

Wird weiterhin der Winkel zwischen der <115>-Ebene und der Waferoberfläche abgezogen, so ergibt sich ein

$$\omega = \vartheta_B - \varphi_{(100,115)} = 20{,}72° - 15{,}79° = 4{,}9° \qquad (4.30)$$

Diese Größen sind in Abb. 4.20 graphisch illustriert. Die erzielten Meßergebnisse in Abb. 4.21 sind für eine Reihe von Materialien gleicher oder zumindest sehr ähnlicher Gitterkonstanten aufgenommen worden. GaAs (a) und AlGaAs (b) zeigen in dem Winkelbereich um den Bragg-Winkel keinen Intensitätspeak; d.h. auch das AlGaAs ist in dieser Kristallrichtung frei von Ordnungseffekten. Das Materialsystem $Ga_{0,51}In_{0,49}P$ (c-h) zeigt ein sehr deutliches Maximum für $650°C < T_g < 700°C$. Für $T_g = 600°C$ (Abb. 4.21c) und $T_g = 730°C$ (Abb 4.21h) wird der Bereich wieder verlassen, in dem $Ga_{0,51}In_{0,49}P$ eine GaP/InP Übergitterordnung aufweist.

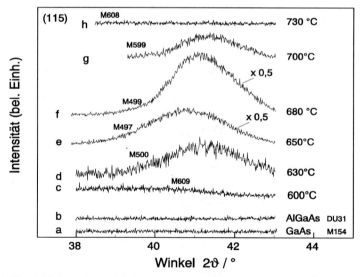

Abb. 4.21. Intensitätswinkeldiagramme der Röntgenbeugung an GaAs **(a)** AlGaAs **(b)** und $Ga_{0,51}In_{0,49}P$ **(c)-(h)** Halbleitern für unterschiedliche Wachstumstemperaturen in der Nähe des Überordnungsreflexes der $(1\bar{1}5)$ Ebenen (vgl. Abb 4.20) (nach Liu u.a., 1993)

4.3 Literatur

Adachi, S.: GaAs, AlAs, $Al_xGa_{1-x}As$ Material parameters for use in research and device application. J. Appl. Phys 58(3), R1-R29, 1985

Bartels, W.J.: Characterization of thin layers on perfect crystals with a multipurpose high resolution x-ray diffractometer. J. Vac. Sci. Technol. B 1 (2), 338 (1983)

Bennett, H.S., Lowney, J.R.: Models for heavy doping effects in gallium arsenide. J. App. Phys. 62 (2), (1987)

Bimberg, D., Mars, D., Miller, J.N., Bauer, R. and Oertel, D.: Structural changes of the interface, enhancement interface incorporation of acceptors, and luminescence efficiency degradation in GaAs quantum wells grown by molecular beam epitaxy upon growth interruption. J. Vac. Sci. Technol. B4, 1014 (1986)

Guimaraes, F.E.G.: Untersuchungen zur Photolumineszenz von $Al_xGa_{1-x}As$/GaAs-Heterogrenzflächen aus der metallorganischen Gasphasenepitaxie. Dissertation, Universität - GH- Duisburg, 1992

Krätzig, O.: Charakterisierung von hochdotierten GaAs/AlGaAs-Schichten aus der MOVPE mittels der PL-Spektroskopie. Studienarbeit, Universität -GH- Duisburg, 1990

Kolbas, R.M. Dissertation, University of Illinois Urbana, IL, 1979

Krischner, H.: Einführung in die Röntgenfeinstrukturanalyse. Braunschweig: Vieweg 1974

Lindner, A.: Photolumineszenz Charakterisierung von Heterostrukturen aus der Molekularstrahlepitaxieanlage. Studienarbeit, Universität -GH-Duisburg, 1990

Liu, Q.: Characterization of GaInP/GaAs and GaInP/InP heterostructures by means of x-ray diffractometry and photoluminescence. Thesis, Gerhard-Mercator-Universität-GH-Duisburg, 1995, Aachen Shaker 1996

Liu Q., Lakner, H., Scheffer, F., Lindner A., Prost W.: Analysis of ordering in GaInP by means of X-ray Diffraction. J. Appl. Phys. 73 (6), 2770-2774 (1993)

McWhan, D.: Structure of chemically Modulated film in synthetic Modulated Structures. New York: Academic Press 1985

Mihara, M., Nomura, Y., Manoh, M., Yamanaka K., Naritsuka, S., Shinizaki, K., Yuasa, T., Ishii, M.: Composition dependence of photoluminescence of $Al_xGa_{1-x}As$ grown by molecular beam epitaxy. J. Appl.Phys. 55 (10) (1984)

Pankove J.I.: Optical processes in semiconductors. New York: Dover Publications Inc 1975

Scheffer, F.: Aufbau und Betrieb eines rechnergesteuerten Photolumineszenzmeßplatzes zur Untersuchung von AlGaAs/GaAs Heterostrukturen aus der metallorganischen Gasphasenepitaxie. Studienarbeit, Universität -GH- Duisburg 1988

Tanner, B.K. and Malliwell, M.A.G.: Interface Structure in double-crystal x-ray rocking curves form very thin multiple epitaxial layers. Semicond. Sci. Technol. 3, 967 (1988)

Tapfer, L., Ploog, K.: Improved assessment of structural properties of $Al_xGa_{1-x}As$/GaAs heterostructure and superlattices by double-crystal x-ray diffraction. Physical Review B, vol. 33, No.8, 5565 (1986)

Winstel, G., Weyrich, C.: Optoelektronik I. In: Halbleiter-Elektronik, Berlin Heidelberg: Springer 1981

Wölfel, E.R.: Theorie und Praxis der Röntgenstrukturanalyse. Braunschweig: Vieweg 1987

Zachariasen, W.H.: Theory of X-RAY diffraction in crystals. New York: Dover Publ. 1967

5 Abscheidung und Charakterisierung dielektrischer Schichten

Dünne nichtleitende amorphe Schichten werden in der Mikroelektronik unter anderem eingesetzt als:

- Isolationsschichten für Leiterbahnkreuzungen,
- dielektrische Füllungen für Metall-Isolator-Metall (MIM) Kondensatoren,
- Gate-Isolationsschicht in Feldeffekttransistoren,
- zur Passivierung von Halbleiteroberflächen und
- zur strukturierten Abdeckung von Halbleiteroberflächen für die selektive Epitaxie oder Dotierung.

Daraus resultieren eine Reihe von Anforderungen an diese Schichten wie:

- hoher Widerstandsbelag,
- definierte und konstante Dielektrizitätszahl ($2 < \varepsilon_r < 100$),
- geringer Verlustwinkel: $\tan \delta < 10^{-3}$,
- hohe Durchbruchspannung: $E_D > 10^6$ V/cm,
- geringe Volumen- und Grenzflächenladung ($N_{ss} < 10^{10}$ cm^{-2}),
- chemische Resistenz und thermische Stabilität.

Der große Erfolg der Siliziumtechnologie basiert in einem hohem Umfang darauf, daß mit dem Siliziumdioxid (SiO_2) ein natürliches Oxid des Halbleiters selbst zur Abdeckung der Halbleiteroberfläche oder als dielektrische Zwischenschicht genutzt werden kann. In bezug auf die obige Anforderungsliste erfüllt SiO_2 die meisten Punkte vorbildlich. Das Feld der Materialien und Technologien ist sehr weit und z.B. im Handbuch von Schuegraf (1988) zusammengefaßt. In diesem Kapitel sollen exemplarisch zwei Materialien, Silizium-Oxid (SiO_x) und Silizium-Nitrid (SiN_x) behandelt werden. Als Abscheidetechniken werden die Kathodenzerstäubung und die Plasma-unterstützte Gasphasendisposition diskutiert.

5.1
Materialien für dielektrische Schichten

Es kommen hauptsächlich Oxide (Al_2O_3, SiO_x, Ta_2O_5) und Nitride (SiN_x) zum Einsatz. Im Rahmen der obigen Anforderungsliste sind Silizium-Oxid (SiO_x) und Silizium-Nitrid (SiN_x) Standardmaterialien für dielektrische Schichten auf III/V-

Halbleitern. In Tabelle 5.1 sind einige Eigenschaften von SiNx zusammengetragen. Es treten in dünnen Schichten zum Teil erhebliche Unterschiede zu den Eigenschaften des Volumenmaterials auf, da

- die Stöchiometrie der Schichten (SiO_x statt SiO_2 und SiN_x statt Si_3N_4) nicht gewahrt ist,
- Verunreinigungen, insbesondere bei gesputterten Schichten, in der Schicht enthalten sind,
- die Depositionstemperatur niedrig sein muß und
- die Schichten ein sehr hohes Oberfläche/Volumen-Verhältnis aufweisen mit entsprechenden chemisch/physikalischen Konsequenzen (Eckertova, 1986).

Tabelle 5.1. Silizium-Nitrid Materialeigenschaften:Vergleich von stöchiometrischen Volumenmaterial Si3N4 mit dünnen SiNx-Schichten aus der Plasma-Gasphasendeposition (nach Sherman, 1987)

Eigenschaft		Thermische Abscheidung	Plasma-CVD	Einheit
Abscheidetemperatur		900	300	°C
Stöchiometrie		Si_3N_4	SiN_x	
Si/N-Verhältnis		0,75	0,8 - 1,0	
Ätzrate in				
Buffered HF	20° - 25°	1,0 - 1,5	20 - 30	nm/min
49% HF	23°	8,0	150 - 300	nm/min
85% H_3PO_4	155°	1,5	10 - 20	nm/min
85% H_3PO_4	180°	12	60 - 100	nm/min
Plasma-Ätzrate				
92%CF_4 8%O_2, 700 W		60	100	nm/min
IR Absorption				
Si-N-Linie		≈ 830	≈ 830	cm^{-1}
Si-H-Linie		-	2.200	cm^{-1}
Dichte r		2,8 - 3,1	2,5 - 2,8	g/cm^3
Brechzahl		2,0 - 2,1	2,0 - 2,1	
Dielektrizitätszahl		6 - 7	6 - 9	
Durchbruchfeldstärke		10	6	10^6 V/cm
spez. Widerstand		1 - 100	1	10^{15} Ω·cm
Schichtwiderstand		>1	1	10^{13} Ω
mechan. Spannung		12 - 18 Zug	1 - 8 Druck	10^9 dyn/cm^2
Thermischer Ausdehnungskoeffizient		4×10^{-6}	-	$°C^{-1}$
Kantenbedeckung		gut	einstellbar	
Wasserdurchlässigkeit		keine	sehr niedrig	

5.2
Verfahren zur Deposition auf III/V-Halbleitern

Verbindungshalbleiter besitzen kein natürliches Oxid mit auch nur annähernd vergleichbaren Eigenschaften wie das SiO_2. Eine weitere für III/V-Halbleiter typische Schwierigkeit besteht darin, daß die Probentemperatur während der Deposition des Oxids unterhalb der Desorptionstemperatur der Gruppe-V Komponente des Halbleiters gehalten werden muß (T_{max} < 500 °C), so daß die thermische Zerlegung der Quellmaterialien oder gar die thermische Oxidation des Halbleiters selbst nicht anwendbar sind. Hier müssen mit hohem Aufwand Technologien bereitgestellt werden, die meist auf einer kinetischen Zerlegung der Quellmaterialien beruhen. Die kinetische Energie wird aus der Beschleunigung geladener Teilchen bereitgestellt. Dies sind Ionen im Falle der Kathodenzerstäubung bzw. Elektronen für Plasma-untersützten Verfahren.

5.2.1
Kathodenzerstäubung (Sputtern)

Die Kathodenzerstäubung ist eine im wesentlichen rein physikalische Methode und somit von den chemischen Eigenschaften der zu bearbeitenden Materialien weitestgehend unabhängig. Sie kann auch zum Materialabtrag (vgl. Abschn. 6.2) und zur Metalldeposition (vgl. Abschn. 6.3) eingesetzt werden. Für die Deposition isolierender Schichten sind einige spezifische Punkte zu beachten. In Abb. 5.1 ist

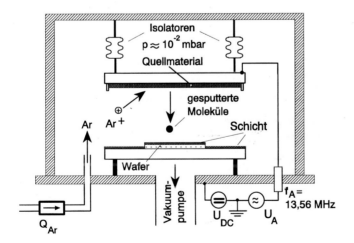

Abb. 5.1. Prinzipdarstellung der Hochfrequenz-Kathodenzerstäubung (RF-Sputtern) zur Deposition von dielektrischen Schichten

der Sputterprozeß in einer Prinzipdarstellung wiedergegeben. In einem Ar-Partialdruckbereich von ca. 1 ... 100 mbar werden die Gasatome durch Kollision mit beschleunigten Elektronen ionisiert (Plasma-Bildung). Die Ar^+-Ionen werden mittels eines elektrischen Feldes auf eine Feldplatte (Target) beschleunigt, die mit dem gewünschten dielektrischen Material beschichtet ist.Die Ar^+-Ionen schlagen neutrale Moleküle aus dem Target heraus und entnehmen dem Target ein Elektron zur eigenen Neutralisierung. Ein Gleichfeld kann bei isolierendem Target-Material nicht eingesetzt werden, da das Target sich dann positiv auflädt und der Sputterprozeß zum Erliegen kommt. Stattdessen wird ein Wechselfeld angelegt, wobei mit negativer Halbwelle der Sputterprozeß durch Anziehen der Ar^+-Ionen stattfindet und mit positiver Halbwelle das Target durch Anziehen von Elektronen neutralisiert wird. Dieser Ladungsausgleich ist jedoch an eine geeignete Dimensionierung des Systems geknüpft (Chapman und Mangano, 1988).

Die dielektrische Beschichtung der Dicke d_T ist für praktische Targets einige Millimeter. Eine hinreichend große Verschiebungsstromdichte i_S, entsprechend dem Sputter-Ar^+-Ionenstrom ist zu erreichen, wenn die Kapazität des Targets C_T und die Anregungsfrequenz f_A hinreichend groß sind (vgl. Abb. 5.2).

$$i_s = 2\pi f_A C_T u_A \qquad (5.1)$$

$$C_T = \varepsilon_{r,T} \cdot \varepsilon_0 \cdot \frac{A_T}{d_T} \qquad \text{Kapazität des Targets} \qquad (5.2)$$

f_A, u_A: Frequenz, Spannung der Wechselfeldanregung
A_T: Fläche des Targets
d_T: Dicke der dielektrischen Beschichtung
$\varepsilon_{0,T}$: Dielektrizitätskonstante der dielektrischen Beschichtung

In praktischen Systemen sind Frequenzen oberhalb $f_A > 1$ MHz hinreichend.

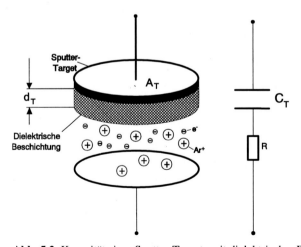

Abb. 5.2. Kapazität eines Sputter-Targets mit dielektrischer Beschichtung

Gemäß einer internationalen Vereinbarung werden bestimmte Frequenzen eingesetzt, um eine Störung der Kommunikationsnetze zu vermeiden.

$$f_A = n \cdot 13{,}56 \text{ MHz} \tag{5.3}$$

Eine Erhöhung der Abscheiderate kann über die Magnetrontechnik erzielt werden. Hierzu wird mittels Elektromagnete ein statisches, zum Target paralleles Magnetfeld der Stärke B erzeugt. Die Elektronen werden durch magnetische Ablenkung in der Nähe des Targets gehalten. Dies reduziert die Rekombination von Elektronen mit ionisierten Ar^+ Trägeratomen an den Wänden der Vakuumkammer (Chapman und Mangano, 1988) und erhöht so die Sputterstromdichte (vgl. Gl. (5.1)) auf einige 10 mA/cm^2.

Dieses Verfahren wird vornehmlich in der DC-Sputtertechnik für Metallisierungen eingesetzt, ist jedoch mit nicht ganz so hoher Effektivität auch für RF-Sputtern anwendbar.

5.2.2
Plasma-unterstützte Chemische Gasphasendeposition (Plasma-enhanced chemical vapor-phase deposition, PE-CVD)

Die Deposition von dünnen Schichten aus der Gasphase beruht auf der thermischen Zerlegung der Quellenmaterialien auf dem zu beschichtenden und aufgeheizten Substrat (s. Kap. 3). Bei III/V-Halbleitersubstraten ist eine rein thermische Zerlegung der Quellenmaterialien in der Regel nicht möglich, da die Gruppe-V Elemente bei den hierzu erforderlichen Temperaturen (z.B. ca. 900 °C für SiN_x) desorbieren. Es finden folgende Verfahren Anwendung:

- Zerlegung durch Photolyse: Photo CVD
- Zerlegung durch Plasma: Plasma unterstütztes CVD

Für die PE-CVD zur Deposition von Isolatoren wird standardmäßig der Parallelplattenreaktor eingesetzt. In Abb. 5.3 ist der Prozeßraum gezeigt, der zur Deposition verwendet wird. Der Reaktor wird vor Prozeßbeginn evakuiert. Über einen Gaseinlaß wird das Reaktionsgas z.B. SiH_4/NH_3 für SiN_x mit Flüssen von 5 bis 200 sccm in den Reaktor eingeführt und ein definierter Partialdruck von ca. 0,1 ... 1 mbar aufgebaut.

Zwischen der Probe (Kathode) und der Reaktorwand wird eine Wechselspannung (meist f = 13,56 MHz) angelegt, die zur Plasmabildung führt. Hierzu werden freie Restelektronen im Reaktor beschleunigt. Ist die freie Weglänge hinreichend groß (Vakuum), so kann das Elektron genügend Energie aufnehmen, um beim nächsten Stoß mit den Molekülen des Reaktionsgases, dieses zu ionisieren. Die nun frei werdenden Elektronen führen diesen Prozeß ebenfalls weiter und so entsteht ein Plasma aus Ionen und freien Elektronen. Da die Elektronen und Ionen des Plasmas sehr stark unterschiedliche Massen haben und somit unterschiedliche

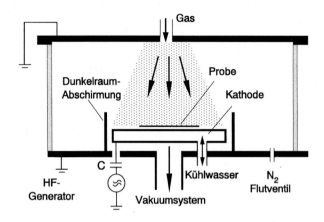

Abb. 5.3. Reaktorskizze eines Parallelplattenreaktors (nach Joseph, 1992)

Fähigkeiten der Wechselspannung zu folgen, tritt eine Ladungstrennung mit innerer, selbsterregter elektrischer Gleichspannung U_{DC} auf (vgl. Abb. 5.4).

Die Elektronen können dem Wechselfeld ideal folgen. Beim Auftreffen auf die Kathode, die kapazititiv von der Masse getrennt ist, erhöht sich die negative Gleichspannung ($U = U_{DC}$) zwischen Kathode und Masse. Die schwereren positiv geladenen Ionen folgen dem Wechselfeld nicht, werden aber durch das Gleichpotential U_{DC} zur Kathode und somit zur Probe beschleunigt. In Abhängigkeit von der eingespeisten Mikrowellenleistung und dem Reaktordruck stellt sich für U_{DC} ein Gleichgewicht ein. Mit steigender Mikrowellenleistung werden sowohl mehr Elektronen als auch Ionen erzeugt. Die negativ geladenen Elektronen gelangen durch das Wechselfeld zur Kathode und U_{DC} wird negativer. Dadurch steigt aber

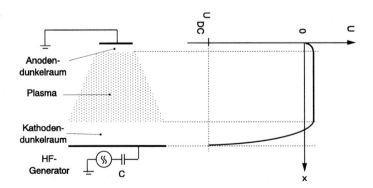

Abb. 5.4. Ladungstrennung zwischen HF-erzeugtem Plasma und den Elektroden des Reaktors

die Anziehung auf die schweren positiven Ionen und die Abstoßung negativer Elektronen: U_{DC} wird positiver.

Die vom Plasma erregte Gleichspannung ist leicht von außen meßbar und stellt eine wichtige Prozeßgröße dar. Positiv geladene reaktive Ionen aus dem Plasma durchlaufen U_{DC} und treffen daher mit dem kinetischen Anteil W_{kin} auf die Probe, die sich auf der Kathode befindet:

$$W_{kin} = \frac{1}{2} \cdot M \cdot v^2 = Q \cdot U_{DC} \qquad (5.4)$$

Q, M: Ladung bzw Masse des Ions

Im Parallelplattenreaktor ist die Probe direkt dem Plasma ausgesetzt (Abb. 5.3). Dies führt zu einer Schädigung des Halbleiters (vgl. Abschn. 6.2) durch beschleunigte Ionen. Im „Microwave-Downstream" Verfahren wird das Plasma von der Probe räumlich getrennt. Das Plasma wird außerhalb des Probenraumes in einem Mikrowellenhohlraumresonator (f = 2,45 GHz) gezündet und die Ionen driften in den Probenraum auf das aufgeheizte Substrat. Dieses Verfahren ermöglicht eine schädigungsarme Deposition von Isolatoren auf III/V-Halbleitern. Zur Deposition mit hoher Abscheiderate werden große Plasmadichten benötigt. Im Parallelplattenreaktor wird bei einer Anregungsfrequenz von 13,56 MHz eine Plasmadichte von $10^9 \ldots 10^{10}$ cm^{-3} erzielt. Eine weitere Erhöhung der Plasmadichte kann über die Ionisierungseffizienz erfolgen, die nur Werte von 10^{-5} bis 10^{-4} erreicht. Hierzu muß die kinetische Energie der Elektronen erhöht werden. Im Parallelplattenreaktor werden die Elektronen auf eine der kinetischen Energie äquivalente Temperatur von T = 20.000...80.000 K aufgeheizt, während

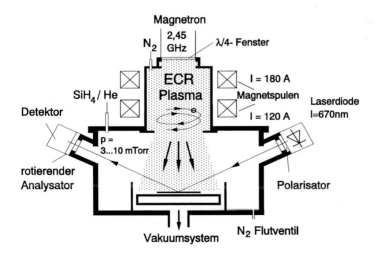

Abb. 5.5. Querschnitt durch den Reaktorraum einer PE-CVD mit ECR Plasma Anregung und eingebautem in-situ Ellipsometer

die schweren Ionen nur äquivalente Temperaturen von 400 bis 600 K aufweisen. Eine Methode, die Elektronenenergie erheblich zu erhöhen besteht darin, sie mittels eines Magnetfeldes auf Kreisbahnen zu führen. Die Verkopplung eines Mikrowellenresonators mit außen angelegtem Magnetfeld zur Erhöhung der Elektronenenergie ist das Prinzip der Elektronenzyklotron-Resonanz (ECR) Quelle (s. Matsuo, 1982), wie sie in der Anwendung für die Deposition in Abb. 5.5 dargestellt ist. Bei Einhaltung der Resonanzbedingung

$$f_A = f_E = \frac{q \cdot B}{2\pi m_0} \tag{5.5}$$

f_A: Frequenz der Anregung
f_E: Elektron-Zyklotron-Resonanzfrequenz
q: Ladung des Elektrons
m_0: Masse des Elektrons

entspricht (vgl. Abb. 5.6) eine Halbwelle des elektrischen Feldes E einer Drehung des Elektrons im Magnetfeld B um 180 °C.

Wird das Elektron trotz des elektrischen Wechselfeldes gleichförmig beschleunigt, so nimmt die kinetische Energie stetig bis zum Zusammenstoß mit einem Plasmateilchen zu. Bei der typischen Wechselanregung f_A = 2,45 GHz wird die Resonanzbedingungen (Gl. (5.5)) mit einem Magnetfeld von B = 87,5 mT erfüllt. Die Flußdichteverteilung des magnetischen Feldes führt zu einem statischen Aufladen des Probentellers mit einer Potentialdifferenz von ca. 10 ... 20 V (Matsuo, 1982) gegenüber der Öffnung des Plasmaraumes. Dieses Feld beschleunigt positiv geladene Ionen zum Wafer und erhöht die Abscheiderate. Das Besondere ist hierbei, daß mit relativ kleiner Beschleunigungsspannung bereits hohe Plasmastromdichten von ca. 5 mA/cm² erzielt werden. Die Elektronenenergie im Plasma läßt sich angeben zu (Sherman, 1987):

$$P = \frac{\sigma_0 E_A^2}{2\left[1 + \frac{(\omega_A - \omega_E)^2}{\omega_p^2}\right]} \tag{5.6}$$

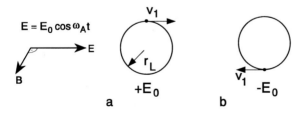

Abb. 5.6. Gleichförmige Elektronenbewegung im elektrischen Wechselfeld durch Anlegen eines magnetischen Gleichfeldes unter ECR-Bedingungen (nach Sherman, 1987)

P: Energieaufnahme des Plasmas [W/cm-3]
σ₀: Plasma-Leitwert [A/V]
E_A: Elektrische Feldstärke der Mikrowellenanregung
ω_E: Resonanzfrequenz aus ECR-Bedingung
ω_A: Frequenz der Mikrowellenanregung
ω_p: Kollisionsfrequenz Elektron/Plasma

Die Kollisionsfrequenz ω_p errechnet sich aus der mittleren Zeit τ zwischen zwei Zusammenstößen von Elektron und Plasma:

$$\omega = \frac{2\pi}{\tau} \qquad (5.7)$$

τ = Zeit zwischen zwei Zusammenstößen

Anhand der Gl. (5.6) soll zunächst der Fall einer Quelle ohne Magnetfeld (B = 0, ω_E = 0) betrachtet werden. Für eine sehr hohe Plasmafrequenz ω_p mit $\omega_p \gg \omega_A$ wird die elektrische Anregung sehr effektiv ins Plasma übertagen. Dieser Fall entspricht einer hohen Teilchendichte im Reaktor. Wird die Teilchendicke, d.h. der Druck abgesenkt, so steigt die Zeit zwischen zwei Zusammenstößen zwischen Plasma und angeregten Elektronen. Innerhalb dieser Zeit kann für $\omega_A = k \cdot \omega_p$ das Elektron k-fach beschleunigt und abgebremst werden, ohne daß die elektrische Anregung durch ein Stoß mit einem Plasmateilchen ins Plasma übertragen wird. Gemäß Gl. (5.6) sinkt ohne Magnetfeld die ins Plasma übertragene Leistung mit $(\omega_A/\omega_p)^2$. Diese Abnahme bei niedrigen Drücken wird durch das Magnetfeld vermieden, da die Zeit zwischen zwei Zusammenstößen zu einer kontinuierlichen

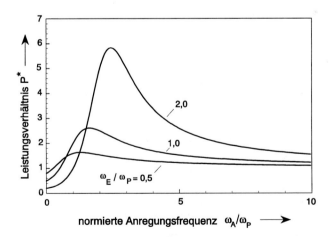

Abb. 5.7. Verhältnis P* der ins Plasma übertragenen elektrischen Anregung mit und ohne Magnetfeld als Funktion der auf die Plasmafrequenz normierten Anregungsfrequenz. Der Parameter der Kurvenscharen ist das Verhältnis von ECR-Resonanzfrequenz ω_E zur Plasmafrequenz ω_p.

Beschleunigung genutzt wird. Nach Ablauf der Zeit τ wird dann die gesamte Mikrowellenanregung ins Plasma übertragen. In Gl. (5.6) wird dies für die Resonanzbedingung $\omega_A = \omega_E$ deutlich, da dann die ins Plasma übertragene Leistung von ω_p und damit vom Druck unabhänig wird. Das Verhältnis

$$P^* = \frac{P(\omega_E)}{P(\omega_E = 0)} = \frac{1 + \left(\frac{\omega_A}{\omega_p}\right)^2}{1 + \left(\frac{\omega_A - \omega_E}{\omega_p}\right)^2} \tag{5.8}$$

entspricht der ins Plasma übertragenen Leistung mit und ohne Magnetfeld. Dieses Leistungsverhältnis ist in Abb. 5.7 als Funktion der auf die Plasmafrequenz ω_p normierten Anregungsfrequenz angegeben.

Der Parameter ω_E/ω_p in Abb. 5.7 ist umgekehrt proportional zum Druck im Plasma. Bei niedrigen Drücken (ω_p klein, ω_E/ω_p groß) wird der Gewinn durch das Magnetfeld immer deutlicher. Die ECR-Anregung ist somit eine hoch effektive Plasmaquelle bei niedrigen Partialdrücken, so daß trotz geringer Teilchendichte hohe Plasmadichten von $10^{11}..10^{12}$ cm^{-3} (Stamm, 1991) erreicht werden. Die hohe Energie gestattet zudem eine erhebliche Erweiterung der für PE-CVD verwendbaren Quellmaterialien (z.B. N_2 statt NH_3 für SiN_x). In diesem Fall wird der Wasserstoffeinbau in den Schichten unterdrückt. Der Zwang zur Verwendung hoher Substrattemperaturen (T > 200 °C) zur thermischen Zerlegung des Quellmoleküles auf der Substratoberfläche mit thermischer Desorption des Wasserstoffes entfällt. Damit können erheblich geringere Substrattemperaturen (T < 100 °C) zur Deposition von wasserstoffarmen Schichten (z.B. Wiersch u.a., 1995) verwendet werden, die dann eine Fotolackstrukturierung der zu beschichtenden Proben ermöglicht (Abb. 5.8).

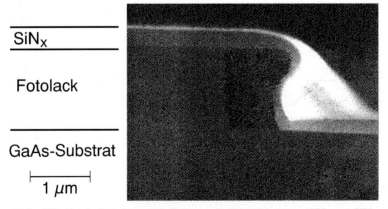

Abb. 5.8. Fotolackstruktur auf GaAs nach Deposition von 200 nm SiN_x mittels ECR PECVD bei einer Depositionstemperatur von 40 °C

5.3 Charakterisierung von SiN$_x$

Die Eigenschaften dünner dielektrischer Schichten lassen sich wie folgt einteilen:

chemische:	- Stöchiometrie (z.B. SiO$_x$, SiN$_x$)
	- Ätzrate
	- Dichte ρ [g/cm^3]
mechanische:	- Dicke d
	- Druck-, Zugspannung (Stress) in Bezug auf das Substrat
elektrische:	- Schichtwiderstand , spez. Widerstand ρ
	- Dielektrizitätszahl $\varepsilon_r(\omega)$
	- Verlustfaktor tanδ
optische:	- Brechzahl n(λ)
	- Absorption $\alpha(\lambda)$

Parasitäre Einflüsse wie Abweichungen von der Stöchiometrie, Einbau von Verunreinigungen und Defekte, sind durch Variation der technologischen Parameter wie Reinheit, Prozeßzeit, Prozeßtemperatur, Quellenflüsse etc. beeinflußbar und erfordern eine Schichtoptimierung. Zur Erfassung dieser Größen und der Basisgröße Schichtdicke ist eine umfangreiche Meßtechnik erforderlich (z.B. Sherman, 1987, Kap. 7). Es werden unter anderem eingesetzt:

- mechanische Schichtdickenbestimmung an einer Kante Substrat/Schicht
- Ätzratenbestimmung mittels Flußsäure (HF) oder Trockenätzen in CF$_4$:O$_2$. Niedrige Ätzraten sind ein Indiz für eine gute Gefügequalität der Schicht (Matsuo, 1988).
- elektrische Charakterisierung (Widerstand, Kapazität, Durchbruchspannung)
- optische Charakterisierung (Dicke, Brechzahl, Absorption) mittels Ellipsometrie
- physikalische/spektroskopische Meßtechnik (Infrarot-Absorptionsspektroskopie, Auger-Spektroskopie).

Das Standardverfahren zur physikalisch/chemischen Schichtanalyse ist die Infrarot-Absorptionsspektroskopie (FT-IR). Licht im Infrarotwellenlängenbereich durchstrahlt hierbei die dielektrischen Schichten auf meist Si-Substraten. Die Absorptionsmessung der Schicht wird durch Abziehen einer Kalibrationsmessung des unbeschichtete Substrates als Funktion der Wellenzahl λ^{-1} aufgetragen. Ist die Energie des Lichtes resonant zu Bindungsenergien von Molekülen, so ist die Absorption maximal. Durch Vergleich mit Referenzwerten (vgl. z.B. Boudreau u.a., 1992) kann aus der Wellenzahl der Absorptionsmaxima auf Moleküle in der Schicht geschlossen werden. In Abb. 5.9 sind FT-IR- Messungen an SiN$_x$ auf Si-Substraten unter Abzug der Substratabsorption aufgetragen.

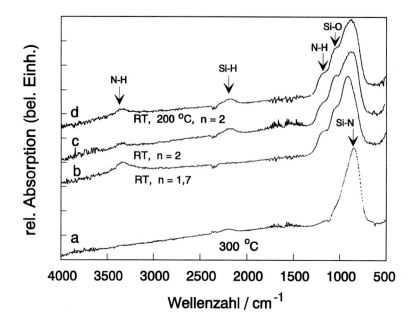

Abb. 5.9. FT-IR - Spektren von SiN$_x$- Schichten auf Bor-dotierten Si-Substraten. Zum Vergleich ist eine Schicht angeben, die bei 300 °C im Parallelplattenreaktor (**a**) hergestellt wurde. Die Schichten (**b-d**) wurden bei Raumtemperatur in der ECR-PECVD mit niedrigem (**b**) und mit hohem Siliziumanteil (**c-d**) hergestellt. Die Probe (**d**) wurde einem Temperschritt bei 200 °C nach der Herstellung unterzogen (nach Wiersch u.a., 1995)

Das Absorbtionsmaximum bei der Wellenzahl $\lambda^{-1} \approx 850$ cm^{-1} wird der Si-N-Bindung zugeordnet. Da es sich um SiN$_x$-Schichten handelt ist diese Bindung erwünscht und am stärksten vertreten. Des weiteren werden Bindungen mit Sauerstoff (Si-O) und Wasserstoff (N-H, Si-H) detektiert, deren Absorptionspeakhöhe ein quasi-quantitatives Maß für die unerwünschte Konzentration von Wasserstoff und Sauerstoff in der Schicht ist.

Die H- und O- Konzentration in Schichten, die bei erhöhter Temperatur (vgl. Kurve (a) in Abb 5.9) abgeschieden werden ist niedriger als bei Raumtemperatur ((b)-(d)). Diese Konzentrationen können nicht durch Tempern (vgl (c) zu (d)) wohl aber durch das SiH$_4$/N$_2$-Verhältnis (vgl. (b) und (c)) verändert werden. So ist das Si-H-Absorptionsmaximum in Kurve (b) bei $\lambda^{-1} \approx 2200$ cm^{-1} deutlich unterdrückt.

5.3.1
Elektrische Charakterisierung

Die Messung der elektrischen Eigenschaften erfolgt durch I-U und C-U-Messungen. Der Schichtwiderstand $R^\square$ einer dünnen elektrischen Schicht läßt sich aus einer 4-Punkt Messung ermitteln, wobei Spitzenanordnungen in einer Linie oder quadratisch vorgenommen werden können (Sherman, 1987).Voraussetzung sind dünne aber weit ausgedehnte Schichten im Verhältnis zum Spitzenabstand. Die Durchbruchfeldstärke E_D, die Dielektrizitätszahl ε_r, der spezifische Widerstand ρ und der Verlustfaktor $\tan\delta$ läßt sich anhand eines Metall-Isolator-Metall (MIM) Kondensators (Abb. 5.10) ermitteln.

Zur Bestimmung von E_D wird eine Gleichspannung U an die Metallelektroden des MIM-Kondensators angelegt. Beim Überschreiten der Durchbruchfeldstärke E_D

$$E_D = \frac{U_D}{d} \qquad (5.9)$$

d: Dicke des Dielektrikums

steigt der Strom sprunghaft an (vgl. Abb. 5.10c). Die erreichbare Durchbruchfeldstärke beträgt typisch 10^6 V/cm an. Wird eine Wechselspannung angelegt, so kann der MIM-Kondensator durch ein RC-Ersatzschaltbild (vgl. Abb. 5.10b) beschrieben werden.

Für niedrige Frequenzen (f < 1 MHz) kann der Serienverlustwiderstand R_s vernachlässigt werden, und die Strom/Spannungsbeziehung lautet:

$$I = \left(\frac{1}{R_P} + j\omega C\right) \cdot U \qquad (5.10)$$

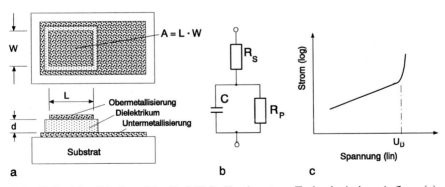

Abb. 5.10. Metall-Isolator-Metall (MIM) Kondensator: Technologischer Aufbau (**a**), elektrisches Ersatzschaltbild (**b**) und Strom-Spannungskennlinie (**c**) mit Felddurchbruch bei $U = U_D$

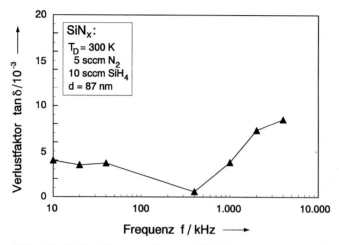

Abb 5.11. Verlustfaktor tan δ eines MIM-Kondensators mit einer 87 nm dicken SiN$_x$-Schicht aus der ECR-PECVD Abscheidung bei Raumtemperatur

Mit Hilfe der Plattenkondensatorgleichung läßt sich die Dielektrizitätskonstante ermitteln:

$$\varepsilon_r = \text{Im}\left\{\frac{I}{U}\right\} \cdot \frac{d}{\omega \varepsilon_0 A} \tag{5.11}$$

A: Fläche
d: Dicke des Dielektrikums
ω: Meßfrequenz

Der Verlustfaktor tan δ ist unter Vernachlässigung von R_s definiert zu

$$\tan\delta = \frac{\text{Re}\{Z\}}{\text{Im}\{Z\}} = \frac{1}{\omega C R_P} \quad . \tag{5.12}$$

In Abb. 5.11 ist der Verlustfaktor tan δ als Funktion der Frequenz exemplarisch für eine Siliziumnitrid-Schicht aufgetragen. Gemäß Gl. (5.12) wird eine Abnahme von tan δ mit zunehmender Frequenz erwartet und bis zu einer Frequenz von 400 KHz auch ermittelt. In realen Bauelementen kann der Verlustfaktor durch weitere Faktoren beeinflußt werden, die nicht im einfachen Ersatzschaltbild in Abb. 5.10b berücksichtigt sind. So ist der Anstieg von tan δ in Abb 5.11 oberhalb von ca. 400 KHz auf eine Serieninduktivität zurückzuführen.

5.3.2
Ellipsometrie

Die Ellipsometrie ist das Standardverfahren zur gleichzeitigen Bestimmung von Brechzahl und Schichtdicke dünner dielektrischer Schichten. Das Verfahren basiert auf der Beugung des Lichtes an der Grenzschicht zweier optisch unterschiedlich dichter Medien ($n_0 \neq n_1$) für den nicht senkrechten Lichteinfall. Verwendet man bei diesem Experiment linear polarisiertes Licht, welches sich im Ortsraum eindeutig durch die beiden Feldkomponenten E_p, E_s parallel und senkrecht zur Probenoberfläche beschreiben läßt, so wird die Polarisierung des reflektierten Lichtes im allgemeinen elliptisch (vergl. Riedling, 1987). In Abb. 5.12 ist der Strahlengang für ein Einschichtsystem dargestellt, bestehend aus einer dünnen dielektrischen Schicht mit den Daten Dicke d_1 und komplexer Brechzahl $\tilde{n}_1 = n_1 + jk_1$ und einem als unendlich ausgedehnten Substrat (n_2, k_2, $d \rightarrow \infty$).

Da beide Feldanteile E_p, E_s jeweils die Stetigkeitsbedingung erfüllen müssen, führt dies zu einem Phasenunterschied und einer unterschiedlichen Dämpfung der Feldanteile. Überlagert man nach der Reflektion die beiden Anteile, so ergibt sich aufgrund der unterschiedlichen Amplitude und der Phasendifferenz eine elliptisch polarisierte Lichtwelle. Die im allgemeinen komplexen Reflektionsfaktoren für die senkrechte R_s und die waagerechte R_p Komponente lassen sich im Verhältnis als effektiver Amplitudenreflektionsfaktor ρ angeben

$$R_p = \frac{E^-_{op}}{E^+_{op}} \qquad (5.13a)$$

$$R_s = \frac{E^-_{os}}{E^+_{os}} \qquad (5.13b)$$

$$\rho = \frac{R_p}{R_s} \qquad (5.14a)$$

Der so definierte komplexe effektive Amplitudenreflektionsfaktor ρ läßt sich nach Real- und Imaginärteil getrennt darstellen als

$$\tan(\Psi) \cdot \exp(i\Delta) = \frac{R_p}{R_s} = \rho. \qquad (5.14b)$$

Wie man an den Gleichungen sieht, ergeben alle Winkel

$$\Psi = \Psi_0 + m \cdot 180° \qquad \Delta = \Delta_0 + m \cdot 360° \qquad (5.15)$$

identische Lösungen der Ellipsometergrundgleichung. Diese Periodizität wird durch die Periodenlänge d_0

$$d_0 = \frac{\lambda}{2\sqrt{\tilde{n}_1^2 - n_0^2 \sin^2(\Phi_0)}} \qquad (5.16)$$

λ: Wellenlänge der einfallenden, polarisierten Lichtwelle

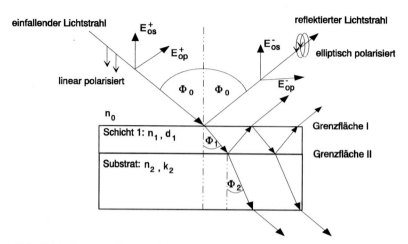

Abb. 5.12. Beugung linear polarisierten Lichtes an der Grenzschicht zweier Medien im System Dielektrikum/Halbleitersubstrat

n_0: Brechzahl des Immersionsmediums (meist n = 1, Luft)
$\tilde{n}_1$: Brechzahl der dielektrischen Schicht

in der Lösung der Ellipsometergrundgleichung berücksichtigt. Die Analyse dünner dielektrischer Schichten mittels Ellipsometrie beruht auf zwei Teilschritten:

1. Ermitlung des Zusammenhangs zwischen Schichtdaten n_i, a_i, d_i und Amplitudenreflexionsfaktor r (s. Abschn. 5.3.2.1).
2. meßtechnische Erfassung des Amplitudenreflexionsfaktors (s. Abschn. 5.3.2.2).

5.3.2.1
Amplitudenreflexionsfaktor als Funktion der Schichtdaten

Zur Umsetzung der Amplituden-Reflektionskoeffizienten in Materialeigenschaften wird zunächst folgendes Einschichtmodell aus Abb. 5.12 betrachtet. Mit r_I und r_{II}, den Reflektionskoeffizienten der elektrischen Feldgrößen an der jeweiligen Grenzfläche und d_0 der Periodenlänge der Lichtwelle in der ersten Schicht gilt jeweils für die senkrechten und waagerechten Amplituden-Reflektionskoeffizienten (Dinges, 1994):

$$R_{p,s} = \frac{r_I^{p,s} + r_{II}^{p,s} \cdot \exp\left(-2\pi j \frac{d_1}{d_0}\right)}{1 + r_I^{p,s} \cdot r_{II}^{p,s} \cdot \exp\left(-2\pi j \frac{d_1}{d_0}\right)} \qquad (5.17)$$

5.3 Charakterisierung von Si$_x$

Die Reflektionskoeffizienten r_I und r_{II} werden durch die optischen Konstanten des Schichtsystems und den Einfallswinkel Φ_0 mit den Stetigkeitsbedingungen für die elektrischen senkrechten und waagerechten Feldgrößen bestimmt zu:

$$r_I^p = \frac{\tilde{n}_1 \cdot \cos\Phi_0 - n_0 \cdot \cos\Phi_1}{\tilde{n}_1 \cdot \cos\Phi_0 + n_0 \cdot \cos\Phi_1} = \frac{E_{0p}^-}{E_{0p}^+},$$

$$r_I^s = \frac{n_0 \cdot \cos\Phi_0 - \tilde{n}_1 \cdot \cos\Phi_1}{n_0 \cdot \cos\Phi_0 + \tilde{n}_1 \cdot \cos\Phi_1} = \frac{E_{0s}^-}{E_{0s}^+},$$

$$r_{II}^p = \frac{\tilde{n}_2 \cdot \cos\Phi_1 - \tilde{n}_1 \cdot \cos\Phi_2}{\tilde{n}_2 \cdot \cos\Phi_1 + \tilde{n}_1 \cdot \cos\Phi_2} = \frac{E_{1p}^-}{E_{1p}^+}, \qquad (5.18\text{a-d})$$

$$r_{II}^s = \frac{\tilde{n}_1 \cdot \cos\Phi_1 - \tilde{n}_2 \cdot \cos\Phi_2}{\tilde{n}_1 \cdot \cos\Phi_1 + \tilde{n}_2 \cdot \cos\Phi_2} = \frac{E_{1s}^-}{E_{1s}^+}.$$

Wobei sich die Reflektionswinkel aus dem Brechungsgesetz berechnen zu:

$$\cos\Phi_1 = \sqrt{1-\left(\frac{n_0}{\tilde{n}_1}\cdot\sin\Phi_0\right)^2}$$

$$\cos\Phi_2 = \sqrt{1-\left(\frac{n_0}{\tilde{n}_2}\cdot\sin\Phi_0\right)^2} \qquad (5.19\text{a-b})$$

Damit ist das Einschichtmodell vollständing beschrieben. Die Ellipsometergleichung hat für dieses System die Form

$$\tan\Psi \cdot \exp(i\Delta) = \frac{\left[r_I^p + r_{II}^p \cdot \exp\left(-2\pi j\frac{d_1}{d_0}\right)\right] \cdot \left[1 + r_I^s \cdot r_{II}^s \cdot \exp\left(-2\pi j\frac{d_1}{d_0}\right)\right]}{\left[1 + r_I^p \cdot r_{II}^p \cdot \exp\left(-2\pi j\frac{d_1}{d_0}\right)\right] \cdot \left[r_I^s + r_{II}^s \cdot \exp\left(-2\pi j\frac{d_1}{d_0}\right)\right]} \qquad (5.20)$$

Bei Gl. (5.20) handelt es sich um eine in d_1 und n_1 komplexe, transzendente Gleichung. Sollen aus Ψ, Δ die Dicke d_1 und/oder die Brechzahl n_1 bestimmt werden, so müssen iterative Methoden zur Lösung der Gleichung eingesetzt werden. Dabei werden die Materialdaten, soweit möglich, aus Tabellenwerken entnommen (Standardwerk Palik, 1985). Für einige in der III/V-Mikroelektronik typische Werkstoffe sind die Daten in Tabelle 5.2 zusammengestellt.

Tabelle 5.2. Optische Konstanten einiger Werkstoffe der Mikroelektronik für die Anwendung in der Ellipsometrie (nach Palik, 1985 und eigenen Werten)

Material	Ausführung Herstellung	Brechzahl n	Absorptions- koeffizient α	Wellenlänge λ/nm
Al	bulk	1,62	5,44	632,8
C	Graphit	2,705	0,512 - 0,004	632,8
	Diamant	2,42	~ 0	632,8
Cr	bulk	3,4	4,4	632,8
GaAs		3,8 - 4	0,3 - 0,6	632,8
		3,8	0,16	676,6
$Al_{0,5}Ga_{0,5}As$		3,5	0,001	676,6
AlAs		3,1	0	676,6
GaP		3,313		630,0
Ge	aufgedampft	5,45	0,85	632,8
Au	bulk	0,306	3,12	632,8
InAs		3,962	0,606	632,6
InP		3,53	0,299	639,1
		3,55	0,0813	632,8
Ni	bulk	1,89	3,55	632,8
Photolack		1,64		632,8
Si		4,77	0,17	441,6
		3,882	0,019	632,6
SiO	amorph	1,969	0,012	619,9
SiO_2	abgeschieden	1,43	~ 0	632,8
	Glas	-1,46	~ 0	643,8
Si_3N_4		2,022	0	619,9
SiN_x	PE CVD	1,63	0	676,6
Ti	aufgedampft	3,0	3,62	632,8

5.3.2.2
Meßtechnische Erfassung des Amplitudenreflexionsfaktors ρ

Es gibt zwei prinzipielle Ellipsometerkonfigurationen: diese sind das *Null-Ellipsometer* und das *„rotating-analyzer"-Ellipsometer*.

Bei der *Null-Ellipsometrie* wird die auf die Probe einfallende Lichtwelle so elliptisch vorpolarisiert, daß die von der Probe reflektierte Lichtwelle anschließend linear polarisiert ist. Die Polarisationsebene der reflektierten linear polarisierten Lichtwelle wird durch einen einfachen Analysator bestimmt. Da die Elliptizität der einfallenden Lichtwelle und die Polarisationsebene der reflektierten Lichtwelle bekannt sind, kann somit auf die optischen Konstanten des Schichtsystems geschlossen werden.

Beim *rotating-analyzer-Ellipsometer* hingegen wird die auf die Probe fallende Lichtwelle durch einen Polarisator linear polarisiert, und die von der Probe reflektierte Lichtwelle ist im allgemeinen elliptisch polarisiert. Mit einem vor dem Detektor angeordneten rotierenden Analysator wird nun die Intensitätsverteilung der reflektierten Lichtwelle in Abhängigkeit des Analysatorwinkels aufgenommen und damit die elliptische Polarisation der reflektierten Lichtwelle beschrieben. Mit diesem Ellipsometer sind höhere Meßgeschwindigkeiten möglich, die *in-situ*-Messungen von dynamischen Prozessen zulassen.

Diese beiden prinzipiellen Grundkonfigurationen sind die Basis für viele Weiterentwicklungen, um ein größeres Einsatzspektrum abdecken zu können. Beispiele hierfür sind das spektroskopische Ellipsometer (SE) welches einen Wellenlängenbereich durchfährt und das „multiple angle of incidence spectroscopic elipsometer" (Maise), welches zudem verschiedene Einfallswinkel Φ_0 zuläßt. Diese Verfahren führen zur Reduzierung von Mehrdeutigkeiten der Lösung der Ellipsometergleichung (s. Gl. (5.15) und (5.16)) und gestatten eine zuverlässigere Analyse auch komplizierterer Schichtsysteme als das in Abb. 5.12 angegebene Zweischichtsystem. Im folgenden wird exemplarisch das Einwellenlängen-Ellipsometer nach dem „rotating analyzer" Prinzip vorgestellt.

Als Lichtquelle im Ein-Wellenlängen-Ellipsometer wird ein Laser als monochramatische Quelle eingesetzt (λ = const.). Die monochramatische Lichtwelle wird durch den Polarisator direkt hinter der Laserquelle linear polarisiert (Polarisatorazimuthwinkel: Φ_p typisch 45°). Nach der Reflektion an der Probe ist das Licht im allgemeinen elliptisch polarisiert. Die elektrische Feldverteilung der elliptisch polarisierten Lichtwelle ist in Abb. 5.13a zu entnehmen. Der resultierende Feldvektor E_{res} steht senkrecht zur Ausbreitungsrichtung des Lichtes und durchläuft mit der Frequenz des Lichtes eine Ellipse, die durch die Halbachsen E_{xo} und E_{jg} eindeutig angegeben wird. Die Halbachsen weisen gegen die Polarisierungsrichtung im allgemeinen eine Winkelverschiebung Φ auf.

Die Intensität des Lichtes $I \propto E^2$ wird vom rotierenden Analysator aufgenommen. Die Abbildung 5.13b zeigt eine vom Detektor prinzipiell aufgenomme Intensitätsverteilung als Funktion des Analysatorwinkels Φ_A.

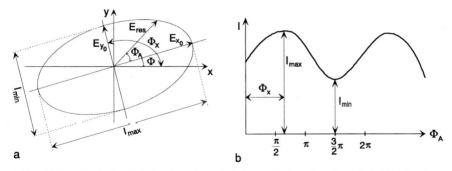

Abb. 5.13. Elliptische Polarisation der reflektierten Lichtwelle als Schnittbild in einer Ebene (**a**) und am Detektor prinzipiell gemessene Form des Intensitätssignals des reflektierten Lichtes (**b**) als Funktion des Analysatorwinkels

Die Ellipse wird von den reflektierten Feldgrößen E_x, E_y aufgespannt. Mit den Größen E_{xo}, E_{yo} und den Winkeln Φ, $\Phi_A = \omega t$ kann eine analytische Formel zur Beschreibung der Ellipse hergeleitet werden. Für das resultierende Feld gilt (vgl. Abb. 5.13a):

$$E_{res}^2 = 0{,}5 \cdot E_{reso}^2 \cdot [1 + A \cdot \cos(2\Phi_A + \Phi)] \quad (5.21)$$

mit:

$$A = \frac{E_{xo}^2 - E_{yo}^2}{E_{xo}^2 + E_{yo}^2} \quad \text{und} \quad E_{reso}^2 = E_{xo}^2 + E_{yo}^2 \quad (5.22)$$

A ist die normierte AC-Amplitude des Signals, die einen entscheidenden Einfluß auf das Meßergebnis hat. Sie ist ein Maß für die Elliptizität des gemessenen Signals.

Für $A = 1$ ist die reflektierte Lichtwelle linear polarisiert ($E_{yo} = 0$). Für diesen Fall ist die Polarisationsebene der reflektierten Lichtwelle identisch mit dem Polarisatorwinkel. Für $A = 0$ ist die reflektierte Lichtwelle zirkular polarisiert ($E_{xo} = E_{yo}$) und damit eine Zuordnung des Analysatorwinkels zur x-Achse des Ellipse nicht mehr möglich. Für diese Fälle entartet die Ellipsometergrundgleichung, und eine Messung ist nicht durchführbar.

Da die Intensität proportional dem Quadrat des elektrischen Feldes ist, folgt aus Gl. (5.21) direkt eine Beziehung für die gemessene Intensitätsfunktion (vgl. Abb. 5.13b). Es gilt:

$$I = I_0 \cdot [1 + e \cdot \cos(2\Phi_A + \Phi)] \quad (5.23)$$

$I_0 = K \cdot E_{res}^2$ DC-Anteil des Intensitätssignals
$e = K \cdot A$
$K = \text{konst.}$

Dieses Signal wird mittels einer Fourieranalyse umgerechnet in eine Amplitudendämpfung $\tan\Psi$ und einen Phasenwinkel Δ. Dies ist möglich, da mit den oben beschriebenen Größen ein Zusammenhang zwischen dem gemessenen Signal und der Ellipsometergrundgleichung angeben werden kann. Es gilt der Zusammenhang

$$\tan\Psi \cdot \exp(i\Delta) = \frac{1 + e \cdot \cos\Phi}{-e \cdot \sin\Phi \pm i\sqrt{(1 - e^2)}} \cdot \tan\Phi_P \quad (5.24)$$

mit Φ_P dem Polarisatorwinkel, Φ der Verdrehung der Ellipse gegen die x-Achse und e der Wechselamplitude des Intensitätssignals.

Durch Vergleich von Real- und Imaginärteil ergeben sich für Ψ und Δ aus Gl. (5.23) folgende Lösungen:

$$\tan\Psi = \tan\Phi_P \cdot \frac{\sqrt{1 - e^2 \cdot \cos^2\Phi}}{1 - e \cdot \cos\Phi} \quad (5.25)$$

$$\tan \Delta = \pm \frac{\sqrt{1-e^2}}{e \cdot \sin \Phi} \tag{5.26}$$

Damit ist die in Kapitel zwei angegebene Ellipsometergrundgleichung zum einen durch das vom apparativen Aufbau des Ellipsometers gemessene Intensitätssignal (Gl. (5.23)) und die optischen Konstanten des Schichtsystems (Gl. (5.20)) bestimmt.

Zur Kalibrierung des Ellipsometers wird ein BK7-Eichsubstrat (Quarzglas) verwendet, von dem die optischen Konstanten mit $n_{BK7} = 1,513$ und $k_{BK7} = 0$ bekannt sind. Das BK7-Eichsubstrat ist auf der Rückseite durch Aufrauhen der Fläche entspiegelt. Die an dieser Rückseite des Substrates reflektierte Lichtwelle wird also gestreut und trägt nicht zum Meßsignal bei.

5.4 Literatur

Boudreau, M., Boumerzoug, M., Kruzelecky, R.V,. Mascher, P, Jessop, P.E., Thompson, D.A. Can. J. Phys. 70 (1992) 1404

Chapman, B. Mangano, S.: Introduction to Sputtering. Chapter 9 aus Schuegraf, 1988

Maissel, L.I., Glang, R.: Handbook of thin film Technology. New York: Mc Graw-Hill Book Company, 1970

Matsuo, S., Kiachi, M.: Low temperature deposition apparatus using an electron cyclotron resonance plasma. Proc. Symp. on very-large-scale Integration Science and Technology, Electrochemical Society, Punington N J, pp. 83, 1982

Matsuo, S.: Microware Electron Cycloton Resonance Plasma chemical Vapour Deposition. s. Chapter 5 in Schuegraf, 1988

Palik, E.D.: Handbook of optical Constants of Solids. Academic Press, Orlando, FL, 1985

Riedling, K.: Ellipsometry for industrial applications. New York: Springer 1987

Schuegraf, K.K.: Handbook of Thin-Film Deposition Processes and Techniques. New Jersey: Noyes Publications, Mill Road, Park Ridge 1988

Sherman, A.: Chemical vapor deposition for microelectronics. New Jersey: Noyes Public. 1987

Stamm A., Schmitt H., Jolly T.: Trockenätzen und Plasmadeposition mit ECR-Verfahren. Productronic, (11) Jan/Feb., 1991

Wiersch, A., Heedt, C., Schneiders, S., Tilders, R., Buchali, F., Kuebart, W., Prost, W., Tegude, F.J.: Room-Temperature Deposition of SiN_x using ECR-PECVD for III/V Semiconductor Microelectronics in Lift-Off Technique. Journal of Non-Crystalline Solids 187 (1995) 334-339.

6 Bauelementtechnologie

Die Umsetzung aktiver Halbleiterschichten in Bauelemente besteht prinzipiell aus drei Technologiearten:

- laterale Strukturierung der Waferoberfläche,
- vertikale Strukturierung in die Tiefe des Wafers und
- Herstellung der Kontakte.

In Abb. 6.1 ist ein Metall-Halbleiter-Feldeffekttransistor (Metall-Semiconductor-field-effect-transistor, MESFET) dargestellt, an dem die in genannten drei Technologiearten durchgeführt worden sind. Die *laterale* Strukturierung wird zum Definieren der Größe der Kontakte (Gatelänge L_G kleiner 1 µm) und des Bereiches des vertikalen Strukturierung verwendet. Die *vertikale* Strukturierung dient der Isolation der Bauelemente und wie in Abb. 6.1 gezeigt zur Absenkung des Gates (gate recess a_r = 20 ... 1000 nm). Als letzter Schritt folgt die *Kontakttechnologie*, die hier für Ohmsche, sperrfreie Kontakte (S)ource und (D)rain und für den sperrenden Gate-Kontakt (G) durchgeführt wurden. Sie sind mit ent-

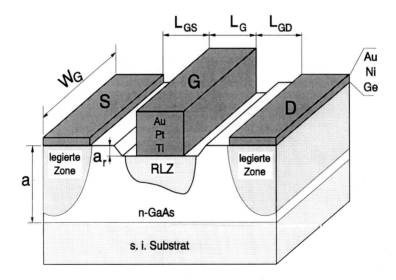

Abb. 6.1. Darstellung der Bauelementtechnologien vertiakale und laterale Strukturierung sowie der Metallsierung am Beispiel des MESFET

sprechend variierten Anpassungen prinzipiell auf alle Bauelemente übertragbar. Die Eigenschaften der hergestellten Bauelemente sind stark durch die Leistungsgrenzen der verwendeten Technologien begrenzt. Für den Feldeffekttransistor ist z.B. die minimal erzielbare Gatelänge L_G für die Grenzfrequenz f_T der Stromverstärkung bestimmend:

$$f_T = \frac{v_{sat}}{2\pi \cdot L_G} \qquad (6.1)$$

L_G: Gatelänge
$v_{sat} = 1 \cdot 10^7 \text{cm} \cdot \text{s}^{-1}$ (materialabhängige Sättigungsgeschwindigkeit).

An diesem Beispiel ist zu erkennen, daß eine Verbesserung der Technologien einen entscheidenden Einfluß auf die Leistungsfähigkeit der Bauelemente hat. Gemäß Gl. 6.1 errechnet sich:

$L_G = 1,0\ \mu m \rightarrow f_T = 16$ GHz (Stand 1982),

$L_G = 0,1\ \mu m \rightarrow f_T = 160$ GHz (Stand 1986),

$L_G = 0,05\ \mu m \rightarrow f_T = 320$ GHz (Stand 1990).

In Realität wurden diese Werte in Arbeiten von z.B. Mishra, 1987 ($f_T = 177$ GHz, $L_G = 0,1\ \mu m$) und Nguyen, 1992 ($f_T = 340$ GHz, $L_G = 0,05\ \mu m$) auch erreicht, wobei jedoch eine Modifikation des Bauelementes erforderlich war, um die parasitären Einflüsse gering zu halten.

6.1
Laterale Strukturierung

Die als Lithographie bezeichnete laterale Strukturierung dient der Umsetzung von Strukturen auf die Oberfläche eines Wafers. Sie ist Voraussetzung für die nachfolgende vertikale Strukturierung oder die Kontakttechnologie. Es werden dabei grundsätzlich zwei Verfahren unterschieden:

a) Abbildung einer Schablone (Maske),
b) direktes „Schreiben" auf dem Wafer.

Dabei soll die Lithographie folgende Aufgaben erfüllen :

- Abbildung auch kleinster Strukturgrößen ($L_{min} \ll 1\ \mu m$).
- Erfüllung der Anforderungen der nachfolgenden Prozeßschritte, wie z.B. des Ätzens oder der Kontaktierung.
- Übertragung großer Struktur-Informationsmengen in möglichst kurzer Zeit. Hier erfolgte eine stürmischen Entwicklung, die insbesondere anhand der Speicherdichten der DRAM (Dynamical Random Access Memory) Schaltungen abzulesen ist:

1972	1980	1990	2000
1 KB	256 KB	16 MB	1 GB

Um alle diese Aspekte zu erfüllen, werden zur Zeit für die Herstellung von Strukturgrößen unterhalb von 1 µm (Submikron Lithographie) die verschiedensten Arten von Verfahren diskutiert und erprobt. Einen ersten Überblick gewährt Tabelle 6.1. Die Lithographieverfahren werden nach abbildenden- und direktschreibenden Verfahren unterschieden. Zum direkten Schreiben werden geladene Teilchen (Elektronen, Ionen) eingesetzt, die eine lokale Kontrolle ermöglichen. Abbildende Verfahren nutzen Photonen unterschiedlichster Energie, um eine bereits erfolgte Strukturierung auf einem Träger (Maske) möglichst präzise, schnell und häufig abzubilden. Die Leistungsfähigkeit der Verfahren ist in den Kriterien Strukturgröße, Begrenzung und Anwendung in Tabelle 6.1 schlagwortartig beurteilt. Als weiterführende Literatur sei auf das umfassende Werk von Moreau (1988), verwiesen. Nachfolgend werden einige Verfahren näher erläutert.

Tabelle 6.1. Verfahren zur Darstellung von Strukturgrößen unterhalb 1 µm

	Submikron Lithographie			
	Photonen (Maskentechnologie)		Teilchenstrahlen (direktes Schreiben)	
Energieträger				
Methoden	Optische	Röntgenstrahl	Elektronen	Ionen
kleinste Strukturgröße	0,3 µm	0,2 µm	0,01 µm	0,03 µm
Begrenzung	Wellenlänge	Maskentechnologie	Fotolack Streuung	Kontrast - Ausheilen - Ätzen
Anwendung	Mikroelektronik Produktion	Höchst-Integration hohes Aspect-Ratio	Maskenfertigung, Direkt-Schreiben	Forschung Maskenreparatur

6.1.1
Photonische Lithographie

Die photonische Lithographie nutzt elektromagnetische Strahlung (Photonen) zur Kontrasterzeugung aus. Die Strukturinformation wird mittels einer Schablone (Maske) auf eine Waferoberfläche abgebildet. Dabei wird der Hell/Dunkel-Kontrast (Transparenz/Absorption) der Maske in eine Fotolackschicht umgesetzt. Es werden dabei Photonenquellen mit verschiedenen Wellenlängen eingesetzt :

    200 nm $\leq \lambda \leq$ 450 nm   Optische Lithographie,

    0,5 nm $\leq \lambda \leq$ 1,5 nm   Röntgenstrahllithographie.

6.1.1.1
Optische Lithographie

In der optischen Lithographie werden die in Abb. 6.2a-b dargestellten Lithographieverfahren eingesetzt. Die Kontaktlithographie ermöglicht ohne Abstand zwischen Probe und Maske die höchste Auflösung (resolution) r:

$$r = k \cdot \frac{\lambda}{NA} \ . \tag{6.2}$$

    k: Prozeßfaktor (0,3 < k < 1,1)
    λ: Wellenlänge der Lichtquelle
    NA: numerische Apertur

Hierbei ist die Schärfentiefe DOF („depth of focus" genannt) der Abbildung zu beachten

$$DOF = k \cdot \frac{\lambda}{NA^2} = \frac{r}{NA} \ , \tag{6.3}$$

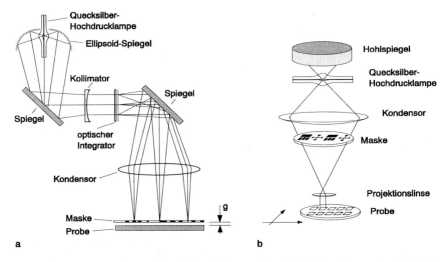

Abb. 6.2. Maskenabbildung mit optischer Lithographie: Prinzipdarstellung einer Kontaktkopieanlage (**a**) (nach Beneking, 1991) und Projektionsbelichtungsanlage (**b**) mit Verkleinerung der Maske um den Faktor M:1 (nach Broers u.a., 1980)

die hier die maximale Lackdicke vorgibt, in die eine scharfe Abbildung der Kanten noch erfolgen kann.

Die numerische Aperatur wird durch das Verhältnis d/f (Öffnungsdurchmesser d der Objektivlinse durch Brennweite f) gegeben. Ein Verhältnis d/f = 0,95 kann technisch kaum überschritten werden.

Zahlenbeispiel für typische Werte: Für eine Wellenlänge von λ = 365 nm, einem Prozeßfaktor k = 0,5 und für eine numerische Apertur zu NA = 0,5 errechnet sich die Auflösung zu r = 0,365 µm und die Schärfentiefe zu DOF = 0,73 µm. Wird ein Spalt der Dicke g (5 ... 20 µm) zwischen Maske und Fotolackfilm erzeugt (Proximity Printing), so wird die Auflösung gemäß

$$r = \sqrt{g \cdot \lambda} \qquad (6.4)$$

herabgesetzt. Es werden jedoch die Masken geschont und die automatisierte Abbildung in Teilschritten („Step and Repeat"-Verfahren) ist durchführbar. Um trotz Maskenabstand möglichst hohe Auflösungen zu erzielen, wird die in Abb. 6.2b dargestellte Projektionsbelichtung verwendet. Die minimale Auflösung beträgt unter Vernachlässigung von Linsenfehlern durch Beugung begrenzt nach Rayleigh:

$$r = 0,61 \cdot \frac{\lambda}{NA} \qquad (6.5)$$

Aus den Gleichungen (6.2) und (6.5) ist zu erkennen, daß die Auflösung mit Abnahme der Wellenlänge verbessert wird. Daraus wird der Trend zu Quellen niedriger Wellenlänge deutlich. In der Lithographie müssen die Komponenten:

- Photonenquelle
- Maske, Linsen, opt. Systeme
- Fotolack

in Bezug auf den Wellenlängenbereich optimal aufeinander abgestimmt werden, da die für die Lithographie wichtigen Parameter wie Lichtintensität der Quelle sowie Absorption bzw. Transparenz der optichen Systeme und des Lackes eine Funktion der Wellenlänge sind. In Abb. 6.3 sind Intensitätsspektren verfügbarer Strahler dargestellt. Von der Quecksilberdampflampe (UV400) bis hinab zur CdXe-Lampe (DUV, deep ultra violette) steht ein breites Spektrum zur Verfügung. Dieses wird noch durch Excimer-Laserquellen erweitert, die monochromatisch bei 249 nm (KrF) und 193 nm (ArF) mit relativ niedriger Intensität strahlen und spezifische Vor- und Nachteile aufweisen.

Mit reduzierter Wellenlänge und somit höherer Photonenenergie steigen jedoch die Anforderungen an die optischen Systeme sehr stark an. Bis hinab zu 340 nm kann noch normales Glas verwendet werden; darunter können nur Spezialgläser oder gar hochreine, synthetische Quarzgläser eine hinreichende Transparenz bereitstellen.

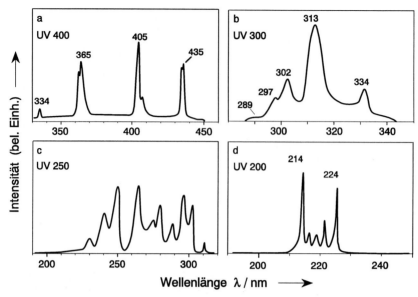

Abb. 6.3. Intensitätsspektren der Lichtquellen für die optische Lithographie als Funktion der Wellenlänge λ: UV400 Quecksilberdampflampe (Hg) (**a**), UV300 Quecksilberdampflampe mit Filter (**b**), UV250 HgXe-Lampe (DUV) (**c**), UV200 CdXe-Lampe (DUV) (**d**)

6.1.1.2
Röntgenstrahllithographie

Die Auflösung und Schärfentiefe der optischen Lithographie ist durch die Wellenlänge begrenzt. Die Verwendung niedriger Wellenlängen scheitert jedoch, da unterhalb von 200 nm eine Herstellung der optischen Systeme (Linsen, Masken) nicht mehr in Quarzglastechnologie möglich ist. Erst bei $\lambda < 5$ nm eröffnet sich wieder ein Fenster, das die Röntgenstrahllithographie nutzt.

In Abb. 6.4 ist ein Verfahren dargestellt, welches zur Erzeugung der Röntgenstrahlung die Elektronenbeschleunigung in einem Speicherring nutzt. Elektronen, die mit hoher Geschwindigkeit auf einer Kreisbahn mit Radius r bewegt werden, emittieren elektromagnetische Strahlung der Leistung P

$$P = \frac{2}{3} \frac{q^2 c}{r^2} \left(\frac{W_S}{m_0 c^2} \right)^4 \tag{6.6}$$

    c: Lichtgeschwindigkeit
    q, m_0:   Ladung bzw. Ruhemasse des Elektrons
    W_S: kinetische Energie des Elektrons im Speicherring

Für den Speicherring Bessy (I = 0,5 A, W_S = 754 MeV, vgl. Abb. 6.4) errechnet sich (Krummacher, 1990) ein Energieverlust von insgesamt 20 keV/Umlauf und

6.1 Laterale Strukturierung

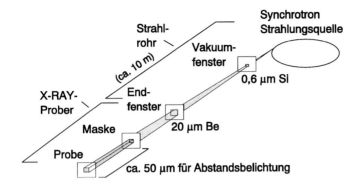

Abb. 6.4. Aufbau der Röntgenstrahllithographie mit Synchrotron Strahlung aus einem Speicherring

somit eine abgestrahlte Leistung von insgesamt 10 kW. Über Fenster und Strahlrohre wird ein Teil der Strahlung ausgekoppelt und über ein Maskenjustier- und Belichtungsgerät im Step- and Repeat-Verfahren (Stepper) auf die Probe gerichtet. Die Strahlung emittiert tangential und ist scharf gebündelt. Der Öffnungswinkel errechnet sich zu

$$\varphi = \frac{m_0 \cdot c^2}{W_S} \tag{6.7}$$

und beträgt für Bessy nur ca. 0,6 mrad. Nach einer durchlaufenen Strahlrohrstrecke von 10 m liegt also eine Aufweitung von nur 6 mm vor.

In der Bundesrepublik ist das Institut für Mikrostrukturierungstechnik der Fraunhofer-Gesellschaft (FhG-IMT) in Berlin eines der weltweit wenigen Institute, die diese aufwendige Technik entwickeln. Der Speicherring ist jedoch aufgrund seiner Größe und der Kosten kein Produktionsmittel für die Industrie. Die emittierte Strahlungsleistung läßt sich erhöhen, wenn kleinere Krümmungsradien verwendet werden (vgl. Gl. (6.6)). In den letzten Jahren sind kommerzielle Kompaktspeicherringe z.B. von den Firmen Sumitomo (Aurora, Kreis r = 3 m) oder Oxford (Helios, Ellipse 2,5 x 4,5 m) mit einem Investitionsvolumen von 25 ... 50 Millionen US$ entwickelt worden.

Röntgenstrahlen werden praktisch nicht gebeugt und sind daher ohne optische Systeme direkt auf Maske und Wafer zu richten. In Abb. 6.5 ist die Waferpositionierung eines Röntgensteppers gezeigt. Die Stepper arbeiten im Proximity-Verfahren, um die Maske zu schonen. Die niedrige Wellenlänge erlaubt dies ohne jeglichen Beugungseinfluß und somit ohne Nachteile für die Auflösung. Für eine möglichst hohe Intensität und für möglichst divergenzfreie Belichtung von der Punktquelle werden Abstände von 20 ... 50 μm verwendet. Die Ausrichtung der

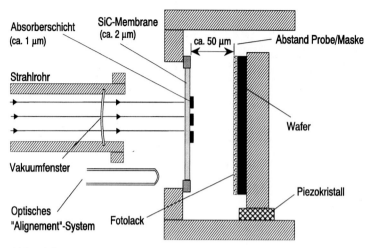

Abb. 6.5. Strahlführung, Maske und Probenkammer eines Röntgenstrahllithographie-Steppers (nach Heuberger, 1986)

Maske an vorhandenen Ebenen (Alignment) erfolgt mit automatischen, optischen Verfahren. Die Feinjustierung erfolgt über Piezo-Quarze.

Röntgenstrahllithographie ist eine Maskentechnologie, wobei die Masken einen Kontrast im Wellenlängenbereich von 0,5 ... 2 nm bereitstellen müssen. Zur Herstellung der Masken muß ein Direkt-Schreibverfahren (Elektronenstrahllithographie, vgl. Abschn. 6.1.2) eingesetzt werden. Die Maskentechnik ist äußerst aufwendig und limitiert die Auflösung der Röntgenstrahllithographie. Auf einem Glasring von 4 x 4 cm (Stand 1990) befindet sich ein Silizium-Wafer, der unterhalb der ca. 2 µm dicken Masken-Membran weggeätzt ist. Das dünne Membranmaterial und die Absorptionsschicht müssen in bezug auf den thermischen Ausdehnungskoeffizienten aufeinander abgestimmt sein. Es eignen sich Siliziumcarbid/Wolfram (SiC/W) und Silizium/Gold (Si/Au) Materialkombinationen. Die Kombination SiC/W weist eine höhere Geometrietreue auf, da die Ausdehnungskoeffizienten:

$$\alpha_T(W) = 4{,}3 \cdot 10^{-6} \, K^{-1},$$
$$\alpha_T(SiC) = 4{,}7 \cdot 10^{-6} \, K^{-1},$$
$$\Delta\alpha_T = 0{,}4 \cdot 10^{-6} \, K^{-1},$$

besser aufeinander abgestimmt sind als von der Au/Si-Kombination:

$$\alpha_T(Au) = 14{,}3 \cdot 10^{-6} \, K^{-1},$$
$$\alpha_T(Si) = 2{,}6 \cdot 10^{-6} \, K^{-1},$$
$$\Delta\alpha_T = 11{,}7 \cdot 10^{-6} \, K^{-1}.$$

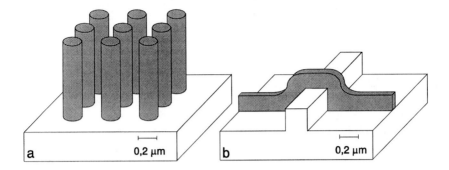

Abb. 6.6. Schematische Darstellung der Vorteile der Röntgenstrahllithographie: hohes aspect-ratio (**a**), Topologieunabhängigkeit (**b**)

Die metallischen Absorber werden naß- und/oder trockenchemisch strukturiert und durch Elektroplatieren auf eine Dicke von ca. 1 µm verstärkt. Die Fensterfläche bestimmt die maximale Größe, die in einem Step belichtet werden kann. Sie soll für die Standard-6"-Fertigung vergrößert werden. Als Stepper werden Geräte eingesetzt, die sich von denen für die optische Lithographie im wesentlichen durch die Strahlführung unterscheiden.

Die Vorteile der Röntgenstrahllithographie sind in Abb. 6.6 schematisch erläutert. Die extrem niedrige Wellenlänge bedingt, daß praktisch keine Beugungserscheinungen auftreten und scharfe Abbildungen in beliebiger Strukturtiefe möglich sind. Daraus folgt, daß Fotolackstrukturen mit hohem Höhen- zu Seitenverhältnis (aspect-ratio) möglich sind. Weiterhin ist die Wechselwirkung mit dem Substrat zu vernachlässigen. In Verbindung mit dem hohen „aspect-ratio" sind die Lithographieergebnisse unabhängig von der Substrattopologie möglich. Der in der Elektronenstrahllithographie (Abschn. 6.1.2.1) auftretende Proximity-Effekt tritt hier nicht auf.

Die extrem hohen Aufwendungen der Röntgenstrahllithographie erlauben nur eine kostengünstige Anwendung in der Massenproduktion von hochintegrierten Schaltungen mit Submikron-Struktur ($L < 0{,}4$ µm). Sie soll die Probleme der 256 MB- und der 1 GB-DRAM-Fertigung (ab Ende der 90er Jahre) lösen :

1.) hoher Durchsatz mit Maskentechnik
2.) hohe Prozeßstabilität und Reproduzierbarkeit
3.) extrem hohe Verhältnisse von Höhe zu Strukturbreite (s. Abb. 6.6).

Hierzu werden zur Zeit vor allem in den USA und in Japan sehr große Forschungsaktivitäten betrieben. In der III-V-Halbleitertechnologie könnte der 2.) und 3.) Punkt interessante Anwendungsbereiche eröffnen, nachdem diese Lithographie für die Si-ULSI-Technik (ULSI: ultra large scale integration) entwickelt wurde.

6.1.2
Direkt-Schreibverfahren

Die Herstellung von Masken für die photonische Lithographie erfordert eine Technologie zum Übertragen von Strukturgrößen auf die Masken. Für Masken mit minimalen Strukturgrößen oberhalb von 10 µm kann dies über photolithographische Verkleinerung geschehen. Für Strukturbreiten über 1 µm können optische Verfahren mit Blendensystemen (Pattern-Generator) oder Laser-Techniken eingesetzt werden. Bei feineren Strukturen sind elektronische Direkt-Schreibeverfahren erforderlich. Die Technik der Strukturübertragung auf einer Maske kann aber auch direkt zum Schreiben auf dem Wafer für Schaltungen mit kleinen Stückzahlen (kundenspezifische IC, III-V-Spezialschaltungen für höchste Frequenzen) und/oder kleinsten Strukturbreiten eingesetzt werden. Hierdurch wird die Entwicklungszeit durch schnelleres Re-Design und Verzicht auf Maskenherstellung verkürzt. In diesem Kapitel wird das Standard-Verfahren für hochauflösende Lithographie, die Elektronenstrahllithographie, vorgestellt und ein kurzer Ausblick auf die für III-V-Halbleiter interessante Ionenstrahllithographie gegeben.

6.1.2.1 Elektronenstrahllithographie

Elektronen sind elektrisch geladene, massebehaftete Teilchen, die sich durch elektromagnetische Felder

- beschleunigen,
- fokussieren und
- ablenken lassen.

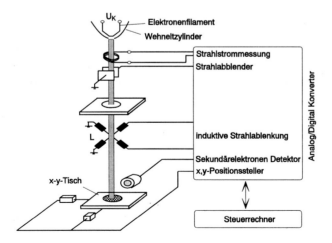

Abb. 6.7. Prinzipdarstellung Elektronenstrahllithographiegerätes (vgl. auch Beets, 1986)

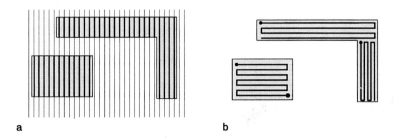

Abb. 6.8. Strahlablenkung nach dem Raster- (**a**) und dem Vektorscan- Prinzip (**b**)

Basierend auf diesen Grundprinzipien werden Bildschirme und Mikroskope hergestellt. Die Elektronenstrahllithographie (electron beam lithography, EBL) fußt auf den für Rasterelektronen-Mikroskope entwickelten Abbildungsverfahren (vgl. Reimer 1985) mit einem Fokussdurchmesser von unter 1 nm und hat diesen die hochgenaue Alignmenttechnik und Waferpositionierung hinzugefügt. In Abb. 6.7 ist der Aufbau einer solchen Anlage dargestellt. Die streuungsfreie Führung eines Elektronenstrahls erfordert die Ultrahochvakuumtechnik für den gesamten Bereich von der Strahlerzeugung bis zum Belichtungsobjekt.

In neueren Anlagen werden Lanthan-Hexaborid-Elektronenquellen (LaB_6-Kathoden) mit Beschleunigungsspannungen bis 100 keV und einem Strahlstrom von 400 ... 2000 A/cm² eingesetzt. Die Ablenkung des Strahls erfolgt objektorientiert nach dem Vectorscanprinzip (Abb. 6.8) für hohe Schreibgeschwindigkeiten (geringere An/Aus-Blendzeiten, kürzerer Verfahrweg).

Das Ablenkfeld des Strahls beträgt je nach Auflösung 1,6 x 1,6 mm² für grobe Strukturen und ca. 400 x 400 µm² für Hochauflösung. Große Wafer (bis zu 6") werden ähnlich dem „Step and Repeat"-Verfahren durch Aneinanderlegen (Stiching) der Schreibfelder belichtet, wobei jedoch der Inhalt der Felder verschieden sein kann. Das Alignment und die Wafertischverschiebung erfolgt über Schrittmotoren, deren Positionierung durch Laserinterferometer mit einer Genauigkeit von ± 20 nm erfolgt.

Wechselwirkung: Elektronenstrahl/Fotolack/Halbleiterkristall
Der Strahlstrom der Elektronenquelle wird in der exponierten Fläche des Fotolacks zur chemischen Umsetzung des Lackes verwendet. Der Fotolack benötigt je nach Dicke und Zusammensetzung unterschiedliche Bestrahlungsdosen C_S:

$$C_S = \frac{I_S \cdot t_S}{\pi \cdot r_S^2} \tag{6.8}$$

I_S: Strahlstrom der Quelle (10 pA < I_S < 1 mA), $I_S = f(r_S)$
t_S: Bestrahlungszeit (µs ... ms)
r_S: Strahldurchmesser (10 nm < r_S < 1 µm)

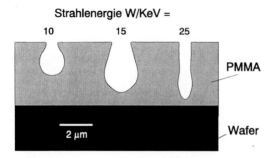

Abb. 6.9. Schematische Darstellung von Resistprofilen in PMMA-Fotolack belichtet bei verschiedenen Strahlenergien mit konstanter Dosis von 10^{-4} C cm^{-2} (nach Hatzetakis u.a., 1974)

Der Strahldurchmesser bestimmt die höchste Auflösung des Verfahrens. Für große Strukturen können Strahlaufweitungen mit höherem I_S durchgeführt werden, um die Belichtungszeit zu verkürzen. Dennoch ist die hohe Belichtungszeit für komplexe Strukturen die limitierende Größe für die EBL im industriellen Einsatz.

Die Ausbreitung der Elektronen im Fotolack und im Halbleiter ist nicht geradlinig. Sie wird durch Streuprozesse der Elektronen mit dem Festkörper verändert. Der Impuls der Elektronen ändert dabei Betrag und Richtung. Dies führt zunächst zu einem topologieabhängigen Belichtungsergebnis, da die Sekundäremission an Kanten und Ecken erheblich höher ist als auf glatten Flächen (s. Reimer, 1985).

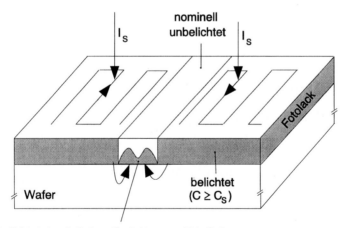

Abb. 6.10. Belichtung eines dünnen Fotolacksteges durch den Proximity-Effekt. Beim Entwickeln verliert der Fotolacksteg die Haftung auf dem Wafer und wird weggespült

Mit Erhöhung der Beschleunigungsspannung nimmt die Vorwärtsstreuung zu und es gelingt schärfere Kanten im Fotolack zu erzeugen (vgl. Abb. 6.9). Die Streuprozesse im Halbleiter führen dazu, daß Sekundärelektronen generiert werden, die den Wafer auch neben dem belichteten Bereich wieder verlassen und den Fotolack dort belichten können. Dieser Effekt heißt „Proximity"-Effekt und führt besonders bei kleinen nominell nicht belichteten Flächen zu Problemen. In der Praxis werden Korrekturen durchgeführt, die den Strahlstrom von der Topologie abhängig machen und z.B. in Abb. 6.10 den Strahlstrom in der Nähe des Streifens so weit herabsetzen, daß dort die notwendige Belichtungsdosis C_S nicht überschritten wird.

6.1.2.2
Fokussierte Ionenstrahllithographie (focussed ion beam lithography FIBL)

Die Elektronenstrahllithographie besitzt den Nachteil, daß Streuprozesse das Lithographieergebnis beeinflussen. Die Streuung ist sehr stark von den Materialien und deren lateralen und vertikalen Ausdehnungen abhängig. Somit muß der Prozeß für jede Kombination Fotolack/Substrat/Topographie optimiert werden. Werden nun jedoch zur Belichtung Teilchen höherer Masse eingesetzt (Ionen statt Elektronen), so kann das Streuproblem deutlich herabgesetzt werden. Die fokussierte Ionenstrahllithographie verwendet zur Abbildung keinen Fotolack, sondern manipuliert direkt den Halbleiter selbst durch verschiedene Verfahren:

- n-Dotierung (Si),
- p-Dotierung (Be),
- Schädigung des Kristalls,
- Kompensation der n-Dotierung.

Als Flüssigmetall-Ionenquelle wird eine flüssige Lösung von Gold (Au, $m_u = 197$), Silizium (Si, $m_u = 28,1$) und Beryllium (Be, $m_u = 9,01$) verwendet. Alle Ionentypen verlassen die Quelle parallel. Über einen Massenseparator kann dann zwischen n- und p-Dotierung hin- und hergeschaltet werden. Nach der Implantation werden in einem thermischen Ausheilverfahren dünne n- und p-leitende Schichten elektrisch aktiviert. Die Diffusion beim Ausheilen begrenzt die Auflösung des Verfahrens.

Schädigung des Kristalls
Sehr viel höhere Auflösungen lassen sich durch das Prinzip der Kristallschädigung erreichen. Der Kontrast wird hierbei über unterschiedlich hohe Ätzraten des geschädigten, amorphen Halbleiters und der kristallinen, nicht belichteten Bereiche erzielt. In Abb. 6.11 sind Ätzgräben dargestellt, die mit dieser Methode hergestellt wurden. Es lassen sich derzeit minimale Strukturgrößen von ca. 30 nm in GaAs/AlGaAs-Oberflächen erzielen.

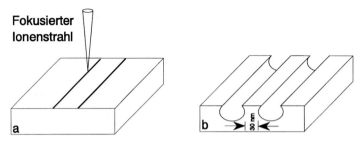

Abb. 6.11. Prinzip der Kontrasterzeugung durch kristallschädigungsbedingte Erhöhung: (a) Schädigen des Kristalls durch hochenergetischer fokussierte Ionenstrahl Implantation und (b) Ätzgruben mit einem Abstand von ca. 30 nm (nach Hiramoto, 1988)

Dotierungskompensation

In der III-V-Halbleitertechnologie können durch moderne Epitaxieverfahren vertikal hochaufgelöste Strukturen hergestellt werden. An der abrupten Grenzfläche zweier Materialien mit unterschiedlicher Bandlückenenergie W_G (vgl. Abb. 1.7) kann bei geeigneter Materialauswahl eine leitfähige Schicht (Zweidimensionales Elektrongas, 2 DEG) mit einer vertikalen Ausdehnung von nur 10 ... 20 nm auftreten.

Die Ladungsträger des 2DEG werden aus ionisierten Donatoren bereitgestellt, die oberhalb der Schicht angeordnet sind. Durch „Schreiben" von Ga-Ionen mit einer Dichte von $0{,}1\text{-}2\cdot 10^{13}$ cm^{-2} entlang einer Linie (alle ca. 30 nm ein Ion) läßt sich die Dotierung in einer Breite von 50-100 nm aufheben und die leitende Schicht wird mit hohem Isolationswiderstand unterbrochen (Abb. 6.11a).

Auf dieser Technik beruht die Entwicklung des „In-Plane-Gate" Transistors (IPG). Die im Halbleiter vergrabene „Platte" des 2DEG bildet mit ihrem Rand zur Isolationslinie eine Feldeffektanordnung. Die weiteren Kontakte Drain und Source des Feldeffekttransistors werden durch Schreiben einer weiteren Linie bereitge-

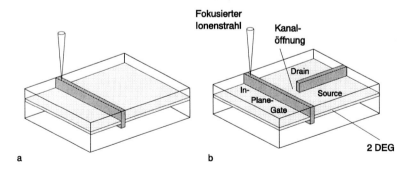

Abb. 6.12. Prinzigp der Herstellung des IPG-Transistors durch Trennung von Gate und Kanal (a) und Definieren der Kontakte sowie der Kanalöffnung (b) jeweils durch Schreiben einer Isolationslinie mnittels kompensierten Donatoren (nach Wieck, 1990)

stellt, die eine geringe Öffnung zur ersten Isolationslinie aufweist. Diese Öffnung ist der Kanal des Transistors (Abb. 6.11b) dessen Strom durch das Gate gesteuert wird. Wegen der geringen absoluten Dosen je Transistor gestattet die IPG-Technik eine sehr hohe Schreibgeschwindigkeit von ca. 10^6 Transistoren/s ohne die Notwendigkeit einer aufwendigen vertikalen Strukturierung (s. Abschn. 6.2). Die IPG-Transistoren sind die derzeit kleinsten bei 300 K operierenden Transistorbauelemente und eröffnen somit neue Dimensionen der Höchstintegration. Die Anordnung des Gate als vergrabene Platte im Halbleiter bedingt für Höchstfrequenzanwendungen trotz der inhärent niedrigen Bauelementkapazität eine RC-Begrenzung. So weist die 2DEG-Schicht eine relativ niedrige Leitfähigkeit (ca. 1000 Ω/sq) aus und die parasitäre kapazitive Umgebung ist um den Betrag der DK des Halbleiters ($\varepsilon_r \approx 13$) höher gegenüber der Standardanordnung (Abb. 6.1).

6.1.3
Abbildungen im Fotolack

Die industrielle Anwendung der Lithographie nutzt Fotolack zur Abbildung durch Kontrasterzeugung. Fotolacke sind organische, lichtsensitive Verbindungen, die durch ein geeignetes Lösungsmittel in flüssiger Form vorliegen. Die bereits diskutierten Lithographieverfahren nutzen extrem unterschiedliche Belichtungsenergien, so daß es verschiedene, auf die jeweilige Belichtungsenergie angepaßte Fotolacke, gibt. Das Prinzip ist jedoch in jedem Fall ähnlich: Die eingestrahlte Photonenenergie verändert die Löslichkeit des Fotolackes für einen folgenden

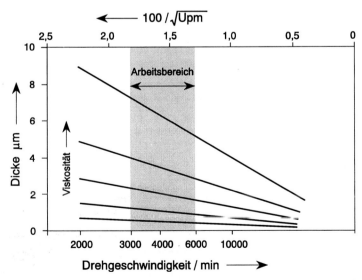

Abb. 6.13. Schichtdicke verschiedener viskoser Fotolacke in Abhängigkeit der Schleuderdrehzahl

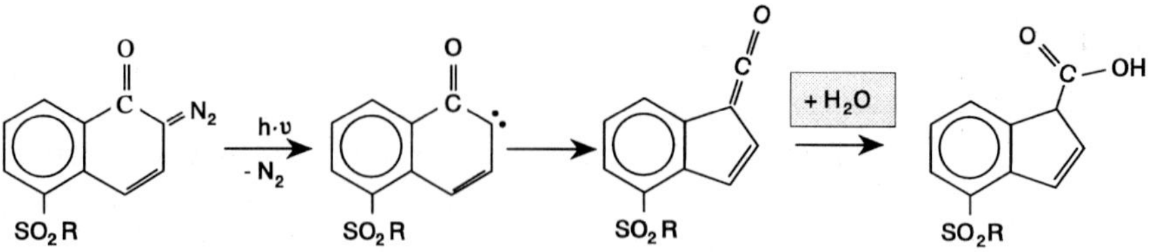

Abb. 6.14. Chemische Abläufe der Fotolackbelichtung für positive Diazonaphtalin-Typen der optischen Lithographie (nach O.Süss, 1944)

Entwicklerschritt. Bei sogenannten Positivlacken wird die Löslichkeit im Entwickler drastisch erhöht, so daß belichteter Lack herausentwickelt wird, während nicht belichteter Lack stehenbleibt.

Der Fotolack wird auf den Wafer aufgetropft, welcher anschließend auf einer Schleuder rotiert. Die Lackdicke wird in Abhängigkeit von der Drehzahl und der Konsistenz des Lackes zwischen 0,4 µm und 10 µm für optische Lithographie eingestellt vgl. (Abb. 6.13). Der Schleuderprozeß resultiert in eine Beschichtung höchster Dickenhomogenität bis zu größten Substratdurchmessern.

Anschließend wird das nach dem Schleudern noch im Fotolack vorhandene Lösungsmittel in einem Ausheizschritt vollständig verdampft. Hierzu werden je nach Lack, Trocknungsverfahren (Ofen oder Heizplatte) und Anwendung Temperaturen von T = 80 ... 120 °C und Prozeßzeiten von t = 1 ... 20 min eingestellt. Die chemischen Abläufe bei der nun folgenden Belichtung sind in Abb. 6.14 für einen Positivlack der optischen Lithographie gezeigt. Durch Energiezufuhr $W = h \cdot \nu$ wird vom photosensitiven Lackanteil der Stickstoff abgespalten. Unter Zufuhr von Wasser aus der Luftfeuchtigkeit wird schließlich eine CO(OH)-Gruppe ausgelagert.

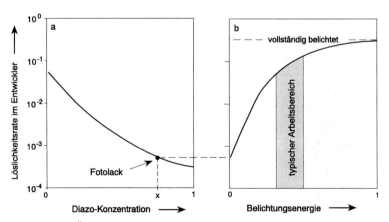

Abb. 6.15. Änderung der Löslichkeitsrate im Entwickler als Funktion der Diazo-Konzentration (Stickstoff-Doppelbindungen) **(a)** und als Funktion der Belichtungsenergie **(b)** (nach Produktinformation, Hoechst, 1989

6.1 Laterale Strukturierung

Die Vorgänge der Abbildung 6.14 sind in der Abb. 6.15 in Prozeßparameter umgesetzt. Die Löslichkeitsrate im Entwickler (Abb.6.15a) ändert sich mit der Reduzierung der Konzentration x des Diazokomplexes, der durch Belichtung mit hinreichender Energie (Abb. 6.15b) abgespalten wird. Die Änderung der Löslichkeitsrate beträgt dabei mehr als zwei Größenordnungen und erzeugt somit einen hohen Kontrast. Der Energiebereich, der eine hinreichende Reduktion der Diazokonzentration sicherstellt, ist der Prozeßarbeitsbereich (vgl. Abb. 6.15b). Die Erstellung reproduzierbarer Lithographieergebnisse ist an die präzise Einstellung und Konstanthaltung der folgenden Parameter geknüpft, die auf den chemisch/physikalischen Ablauf in den Abb. 6.14-6.15 einwirken:

- Intensität und Energie der Belichtung,
- Umgebungstemperatur und
- Luftfeuchte.

Diesen Anforderungen wird mit vollklimatisierten (Temperatur und Feuchte) Reinräumen entsprochen. Die Reinheit der Umgebungsluft dient hierbei der fehlerfreien Übertragung der Maskeninformation in den Fotolack und erfordert sehr hohe Aufwendungen insbesondere im Bereich der Höchstintegration. Die Anforderungen an die Temperatur- und Feuchtekonstanz steigen mit der Reduzierung der Strukturgrößen, da im gleichen Umfang das anwendbare Prozeßfenster kleiner wird und präzise einzuhalten ist.

Fotolackstrukturen mit unterschnittenen Kanten

Die vielseitigen Möglichkeiten der Abbildung in Fotolacke sollen anhand eines Beispiels aus der optischen Kontaktlithographie erläutert werden. Hierzu wird der technologische Prozeß dargestellt, der das optimierte Lithographieergebnis in der Abb. 6.16 ermöglicht hat. Die gezeigten unterschnittenen Profile sind für die Abhebetechnik (vgl. Abschn. 6.2.) unerläßlich.

Prozeßablauf (Bertenburg, 1992)

1) Aufschleudern eines Lackes, der im Positiv- wie Negativmodus betrieben werden kann (hier: AZ 5200/Bolsen, 1986).
2) 1. Temperschritt: Trocknen des Fotolackes bei T = 90 °C.
3) Ganzflächige kurzzeitige Belichtung des FL.
4) 2. Temperschritt T = 120 °C: Umkehrbackprozeß. Die in Schritt 3 erhöhte Entwicklungsfähigkeit gegenüber den tieferen Schichten wird invertiert.
5) 2. Belichtung: Belichtung im Positivmodus mit Maske
6) Entwicklung: Durch die Schritte 3+4 wurde die Entwicklerrate an der Oberfläche gegenüber tieferen Schichten reduziert. Es entstehen unterschnittene Kanten.

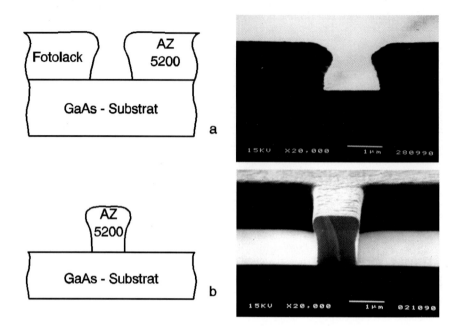

Abb. 6.16. Anwendung einer Doppelbelichtung mit Kontrastumkehr (image-reversal process) in der optischen Kontaktbelichtung für Lift-off Profile für schmale Strukturen der Gatemetallisierung und für die Trennung zweier Metallisierungsflächen in der Ohmkontaktebene (nach Bertenburg, 1992)

6.2
Vertikale Strukturierung (Ätztechnik)

Die Technologien zur kontrollierten Erstellung von dreidimensionalen Strukturen ist der Gegenstand dieses Kapitels. Die laterale Strukturierung wird durch die Lithographie durchgeführt (vgl. Abschn. 6.1). In diese Strukturen wird mit geeigneten Ätzverfahren mit hoher Präzision ein Materialabtrag vorgenommen. In Abbildung 6.17 ist die Grundausführung der Ätztechnik an Halbleiteroberflächen aufgezeigt. Fotolack und Halbleiter besitzen stark unterschiedliche Ätzraten, so daß durch Fotolack geschützte Flächen praktisch nicht geätzt werden. Die Kinetik des Ätzvorgangs wird bestimmt durch (vgl. Löwe u.a., 1990):

I. Andiffusion der Reaktanten an die Halbleiteroberfläche,
II. Reaktion mit dem Kristall und
III. Abdiffusion der Reaktanten.

Der langsamste der drei Teilschritte bestimmt die Ätzrate. Im Gleichgewicht laufen jedoch alle drei Prozesse mit der gleichen Geschwindigkeit ab, die vom langsamsten Prozeß vorgeben wird. Die Prozesse werden beeinflußt durch:

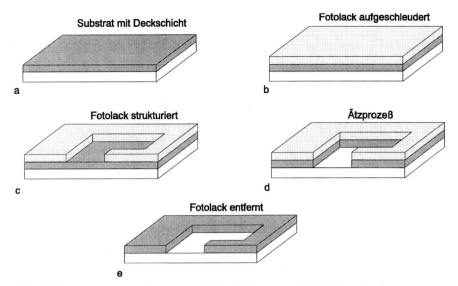

Abb. 6.17. Erstellung einer Struktur endlicher Tiefe in einen Halbleiterwafer

- Zusammensetzung des Ätzmittels,
- Temperatur und
- Konvektionsbedingungen der Ätzlösung
  (äußere Bedingungen der Lösung: z.B. Rührer, elektrolytische Lösung)

Wird eine Gesamtreaktion des Types

$$z \cdot M + N = M_z N \tag{6.9}$$

M: Moleküle der Ätze
N: Moleküle des Materials

angenommen, so läßt sich die Reaktionskinetik für den Reaktionsteilnehmer N darstellen gemäß:

$$-\frac{dN}{dt} = v_{II} \cdot c_M \tag{6.10}$$

v: Reaktionsgeschwindigkeit
c_M: Konzentration von M

Für den Diffusionsstrom eines Reaktanten gilt (vgl. Abschn. 3.1.1):

$$a) \quad v_I : \frac{dn_M}{dt} = -A \cdot D_M \cdot \frac{\partial c_M}{\partial x} \tag{6.11}$$

b) $v_{III}: v_{III}: \dfrac{d(M_zN)}{dt} = -A \cdot D_{M_zN} \cdot \dfrac{\partial C_{M_zN}}{\partial x}$

D_M: Diffusionskonstante
A: Querschnitt

Ob die Kinetik dn/dt durch die Diffusionsschritte I. und III. (Gl. (6.11)) oder durch den Reaktionsschritt II. (Gl. (6.10)) bestimmt wird, läßt sich experimentell aus einer temperaturabhängigen Ätzratenbestimmung ermitteln, die in eine Arrhenius-Darstellung eingetragen wird:

$$\dfrac{d(\ln v)}{d\dfrac{1}{T}} = \dfrac{W_A}{R}$$

W_A: Aktivierungsenergie,
R: Konstante.

Die Aktivierungsenergie erreicht typische Werte von

- 20 KJ/mol für diffusionsbegrenzte Verfahren (I, III),
- 40 KJ/mol für reaktionsbegrenzte Verfahren (II),
- 20 .. 40 KJ/mol für gemischte Verfahren.

Die Ätzrate von Halbleitern ist außerdem häufig anisotrop (kristallorientierungsabhängig). Bei reaktionsbegrenzten Ätzverfahren von III/V-Halbleitern mit (100) Oberflächen läßt sich die Anisotropie leicht dadurch erklären, daß die Belegung der (hkl)-Netzebenen mit Gr. III- und Gr. V-Atomen und somit die Bindungs-

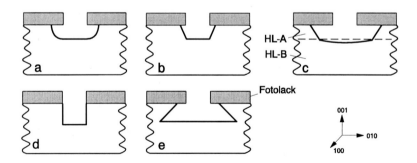

Abb. 6.18. Schematische Darstellung isotroper Ätzangriffe auf eine Halbleiteroberfläche durch ein Fotolackfenster in isotroper (**a**), quasi isotroper (**b**), und materialselektiver Form bei Halbleiterheterostrukturen (HL-A, HL-B) mit $v_A > v_B$ nach Erreichen der Grenzschicht (**c**), sowie anisotrop in (100)- Richtung (**d**) und anisotrop mit einer erhöhten Rate in (111)- Richtung (**e**)

kräfte unterschiedlich sind. Aus der unterschiedlichen Zeit die benötigt wird, um ein Gr. III- oder Gr. V-Element aus dem Kristall zu lösen, entsteht eine anisotrope Ätzrate. Bei vielen diffusionsbegrenzten Ätzen führt er zu einem quasi isotropen Ätzangriff mit 45° steilen Flanken (s. Abb 6.20b). Neben der Anisotropie tritt auch noch eine Materialabhängigkeit der Ätzrate auf, die in Abb. 6.20c für eine quasi isotrope Ätze gezeigt ist. Dieser Prozeß der Anisotropie greift richtig bei reaktionsbegrenztem Ätzen.

Hochgradig anisotropes Ätzen wird durch eine additive kinetische Komponente bei gleichzeitiger Seitenwandpassivierung erzielt. Diese Technik wird mit reaktivem Ionenätzens ermöglicht (vgl. Abb. 6.20d und Abschn. 6.2.2). Ein Beispiel für die naßchemisch realisierbare Anisotropie durch reaktionsbegrenztes, kristallorientierungsabhängiges naßchemisches Ätzen ist in Abb. 6.20e skizziert.

6.2.1
Naßchemische Ätzverfahren

Der Ätzvorgang von Halbleitern ist in zwei Diffusionsschritte (I, III) sowie einem Reaktionsprozeß (II) eingeteilt worden. Findet die Diffusion in einer Lösung (z.B. Alkohol oder Wasser) statt, so wird das Ätzverfahren als naßchemisch bezeichnet; in der Gasphase als trockenchemisch. Bei den naßchemischen Verfahren kann der Reaktionsschritt in folgende Gruppen eingeteilt werden:

A) Gesamtstromloser Vorgang

- Oxidation des Halbleiters
- Reduktion eines Oxidationsmittels $\Big\} \quad \sum I = 0$

Es werden dabei neben dem Lösungsmittel zwei Typen von Reaktanten eingesetzt:

Zur Oxidation des Halbleiters :   Säuren/Basen
+
Oxidationsmittel: H_2O_2
+
Lösungsmittel: H_2O/Alkohole

Als Säuren und Basen finden z.B.: H_2SO_4, HCl, HNO_3, HBr, HF, sowie NaOH, NH_3, KOH Verwendung. Diese Stoffe bewirken eine Oxidation des Halbleiters. Der Vorgang sei global am Beispiel des Ätzens von GaAs mittels einer Lösung aus HCl:H_2O_2:H_2O dargestellt:

$$3H^+ \uparrow + 3Cl^- + Ga + 3q^+ = GaCl_3$$
$$5H^+ \uparrow + 5Cl^- + As + 5q^+ = AsCl_5$$
$$4O^{2-} \uparrow + 4H_2O^{2+} + 8e^- = 4H_2O$$
$$\sum I = 0$$

Die Halbleiteratome gehen unter Entnahme von Defektelektronen in Lösung. Räumlich und zeitlich davon unabhängig, jedoch mit der Maßgabe $\Sigma I = O$ wird das Oxidationsmittel H_2O_2 unter Entnahme von Elektronen aus dem Valenzband des Halbleiters reduziert. Dieses Verfahren ist das Standardverfahren zum Ätzen von Halbleitern. Nachteilig wirkt lediglich die mangelnde Stabilität des H_2O_2 insbesondere bei basischen Teilkomponenten. Vorteilhaft sind die sehr flexible Einstellbarkeit von Ätzrate, Anisotropie und Materialselektivität über die Konzentration und Zusammensetzung der Lösung.

B) Direkter Ladungsaustausch

Dieses Verfahren arbeitet ohne Oxidationsmittel und bewirkt den Ladungsaustausch direkt in der Ätzreaktion. Als Beispiel hierfür kann die Hydrierung von InP angeführt werden:

$$InP + 3H^+ + 3X^- \longrightarrow InX_3 + PH_3 \tag{6.12}$$

X = Cl, Br
X^-: reaktives Radial (z.B. Cl^-)

Das Verfahren des direkten Ladungsaustausches über Hydrierung ist nicht für alle Halbleiter anwendbar. Neben dem InP kann es noch für weitere phosphorhaltige Halbleiter (z.B. GaInP) eingesetzt werden. Die Hydrierung erzeugt hoch toxische Gase, im Fall phosphorhaltiger Halbleiter das Phosphin (s. Kap. 7), und ist daher unter besonderen Sicherheitsvorkehrungen durchzuführen.

C) Anodische Oxidation

Wird auf das Oxidationsmittel H_2O_2 verzichtet, so muß der Ladungsausgleich über eine äußere Spannung durchgeführt werden. Der Halbleiter dient dabei als Anode, an der negativ geladene reaktive Ionen (z.B. Cl^-) Elektronen abgeben. Hierzu muß der Halbleiter n-dotiert sein und leitfähig. Über den Strom ist eine leichte und präzise Prozeßeinstellung möglich. Wenn die geätzte Fläche bekannt ist, kann aus dem Strom direkt die Ätztiefe ermittelt werden.

6.2.2
Trockenätzverfahren

Trockenätzverfahren nutzen als Diffusionsmedium die Gasphase. Sie werden unterschieden nach (vgl. Abb. 6.19) physikalisches Zerstäuben (Sputtern), chemi-

6.2 Vertikale Strukturierung 137

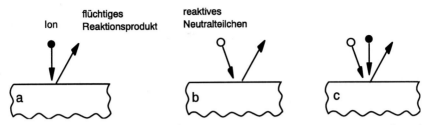

Abb. 6.19. Ätzmechanismen des rein physikalisches „Sputtern" (**a**), des chemisches Ätzens (**b**) und des physikalisch unterstützten chemischen Ätzens (**c**)

sches Ätzen und physikalisch unterstütztes chemisches Ätzen. Im Unterschied zu den naßchemischen Verfahren ist also eine zusätzliche physikalische Komponente durch Einstellung eines kinetischen „Sputter"-Prozesses möglich. In Abb. 6.19a wird diese Komponente ausschließlich zum Ätzen verwendet: Beschleunigte Ionen schlagen Atome rein mechanisch aus dem Kristallverband. In Abb. 6.19c wird eine Kombination der chemischen und mechanischen Komponente eingesetzt. Hierbei muß die kinetische Energie nicht mehr eine Kristallverbindung lösen, sondern lediglich das Reaktionsprodukt von chemischer Komponente und Halbleiter von der Oberfläche desorbieren helfen; d.h., es sind sehr viel niedrigere und für den Halbleiter schonendere Beschleunigungsenergien verwendbar. In Analogie zum naßchemischen Ätzen können die Teilschritte

I. Transport der Reaktanzen zur Oberfläche (selbstinduzierte Gleichspannung U_{DC}, Plasmapartialdruck)
II. Reaktion des Halbleiters mit Halogenverbindungen (chemisch, physikalisch)
III. Abtransport durch physikalisch unterstütztes Desorbieren

angegeben werden, wobei sich im Vergleich zum naßchemischen Ätzen hauptsächlich die Konvektionsbedingungen drastisch unterscheiden.

Die technischen Ausführungen der Trockenätzverfahren entsprechen denen der Deposition von Dielektrika (vgl. Kap. 5). Es werden Kathodenzerstäubung und Verfahren mit Plasmaunterstützung eingesetzt. Die Plasmatechniken ermöglichen eine Reduzierung der mechanischen Komponente, ausgedrückt z.B. durch eine niedrige selbsterregte Gleichspannung U_{DC} im Parallelplattenreaktor.

Als Ätzgase werden für III/V-Halbleiter meist Chlor und seine Verbindungen eingesetzt (z.B. CCl_2F_2, $SiCl_4$, Cl_2). Das Ätzen von Halbleiter mit hohem Indiumgehalt mit der RIE ist wegen der hohen Siedepunkte der In-Halogenverbindungen schwierig und ermöglicht nur geringe Ätzraten. Hier kommen Plasma-Ätzverfahren mit Elektronen-Zyklotron-Resonanzanregung und mit Cl_2-Gas zum Einsatz, die einen hohen Anteil reaktiver Komponenten bei geringer kinetischer Komponente bereitstellen. Für diese Halbleiter werden auch andere Halogene (Jodide, Bromide) sowie Methan/Wasserstoff eingesetzt.

Im folgenden werden anhand des Trockenätzens von GaAs/AlGaAs Heterostrukturen in einem Parallelplattenreaktor die spezifischen Vorteile, Anisotropie

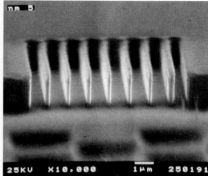

Abb. 6.20. Bespiele hoher Anisotropie (großes Höhen zu Seitenverhältnis, „aspect ratio") trockengeätzter Strukturen in GaAs

und Materialselektivität, diskutiert. Abschließend wird die wichtigste Einschränkung, die Materialschädigung, kritisch analysiert.

Anisotropie

Beim naßchemischen Ätzen konnte eine Anisotropie durch kristallorientierungsabhängige Ätzraten reaktionsbegrenzter Ätzlösungen in engen Grenzen erreicht werden. Trockenätzverfahren verwenden dazu die auf die Halbleiteroberfläche gerichtete, definiert einstellbare kinetische Komponente ($Q \cdot U_{DC}$), um eine Anisotropie gemäß Abb. 6.18d zu erzeugen. Die physikalisch unterstützte Desorption der Reaktanzen erfolgt hierbei nur auf dem Ätzboden, während auf die „Krater"-Wände praktisch keine Ionen aufschlagen. Ein experimentelles Ergebnis erreichter Anisotropien in GaAs mittels RIE geätzter Strukturen ist in Abb. 6.20 dargestellt. Die Lithographie der tiefen Submikrostrukturen wurde vom Insitut für Halbleitertechnik der RWTH Aachen bereitgestellt. Bei einem Prozeßdruck von 0,8 Pa des realtiven Prozeßgas CCl_2F_2, stellt sich eine selbstinduzierter Gleichspannung von $U_{DC} = 30$ V ein (nach Joseph, 1992). Bereits bei dieser noch sehr moderaten kinetischen Komponente werden die in Abb. 6.20 dargestellten extrem hohen Anisotropien erreicht, die bis hinab zu 0,1 μm dicken Strukturen hohe Wände ermöglicht.

Materialselektivität

Die Desorption der Reaktionsprodukte von der Kristalloberfläche geschieht beim reaktiven Ionenätzen durch kinetisch unterstütztes Verdampfen. In Tabelle 6.2 sind die Siedepunkte und die Dampfdrücke der Halogenverbindungen von $A_{III}B_V$-Halbleitern aufgelistet. Insbesondere die A_{III}-Halogenverbindungen besitzen sehr hohe Siedepunkte, d.h. sie können zur Passivierung der Oberfläche und zum

Stoppen des Ätzangriffes insbesondere bei kleinem kinetischen Anteil verwendet werden. Um eine Materialselektivität GaAs/AlGaAs durch Ätzen mit CCl_2F_2 zu erzielen, wird der hohe Siedepunkt von AlF_3 ausgenutzt. Bei niedriger Gleichspannung U_{DC} d.h. bei geringer kinetischer Komponente passiviert AlF_3 die Oberfläche beim Übergang von GaAs zu AlGaAs (vgl. Tabelle 6.2).

Tabelle 6.2. Siedepunkte von Gruppe-III- und Gruppe-V-Halogen-Verbindungen (Daten aus Pearton, 1991, Weast, 1976)

Verbindung	Siedepunkt [°C]	Dampfdruck [Torr]	bei T [°C]
$AsCl_3$	130,2	40	(50)
AsF_3	-63		
AsF_5	-53		
$AlCl_3$	177,8 (subl.)	1	(100)
AlF_3	1291 (subl.)		
AsH_3	-55	760	(-62)
$GaCl_2$	535		
$GaCl_3$	201,3	0,08	(25)
GaF_3	1000		
InCl	608		
$InCl_2$	550		
$InCl_3$	600	18	(250)
InF_3	>1200		
PCl_2 (P_2Cl_4)	180		
PCl_3	75,5	1	(-52)
PCl_5	162 (subl.)	1	(56)
PF_3	-101,5		
PF_5	-75		
PH_3	-88	40	(-129)

Bei geringer selbstinduzierte Spannung ist der kinetische Anteil gering und der Dampfdruck der Reaktionsprodukte bestimmt die Desorption von der Oberfläche. In Abb. 6.21 ist die Abhängigkeit der Ätzrate von GaAs und $Al_{0,3}Ga_{0,7}As$ als Funktion der selbsterregten Gleichspannung U_{DC} aufgetragen. Bei niedrigen Vorspannungen genügt die passivierende Wirkung des AlF_3, um die Ätzrate des $Al_{0,3}Ga_{0,7}As$ um 2 Größenordnungen zu reduzieren. Daher tritt hier eine hohe

$$\text{Selektivität} = \frac{\text{Ätzrate GaAs}}{\text{Ätzrate AlGaAs}} = 750$$

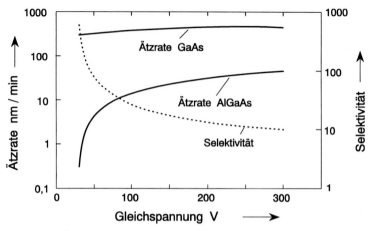

Abb. 6.21. Ätzraten von GaAs und Al$_{0,3}$Ga$_{0,7}$As als Funktion der selbsterregten Gleichspannung sowie die resultierende Materialselektivität Prozeßdaten: Prozeßgas CCl$_2$F$_2$, Prozeßdruck 0,8 Pa, HF-Leistung 0,04..1,3 W/cm^2 (nach Joseph, 1992)

bei niedriger Gleichspannung U$_{DC}$ auf. Bei Erhöhung der Gleichspannung wird die Passivierung durch das AlF$_3$ abgesputtert und die Selektivität geht auf einen Wert von 10 zurück.

Wird eine AlGaAs Schicht unter der Oberfläche einer Schichtstruktur vergraben, so kann mit der von der Epitaxie bereitgestellten Präzision ein Materialabtrag bis zu dieser Schicht mit atomarer Genauigkeit erfolgen. In GaAs-MESFET findet diese Technik Anwendung. Hier wird die Schwellenspannung des Bauelementes über die Kanaldicke a eingestellt:

$$U_{th} = U_{Bi} - \frac{q N_D \cdot a^2}{2\varepsilon_r \varepsilon_0} \qquad (6.13)$$

U$_{Bi}$: Kontaktpotential des Gatemetalles
$\varepsilon_r, \varepsilon_0$: Dielektrizitätskonstante
N$_D$: Dotierungshöhe (Annahme N$_D$ = N$_D^+$)

Außerhalb des Kanals wird zur Reduzierung des Bahnwiderstandes eine hochdotierte Deckschicht aufgebracht (vgl. Abb. 6.22), die bis auf die Kanaldicke abgeätzt wird. Die Präzision des Abätzens definiert die Genauigkeit der Schwellspannung. Unter der Annahme konstanter Dotierung gilt näherungsweise

$$\frac{\Delta U_{th}}{\Delta a} = -2a \cdot \frac{q N_D}{\varepsilon_r \varepsilon_0} \qquad (6.14)$$

$$\Delta a = -\Delta U_{th} \cdot \frac{\varepsilon_r \cdot \varepsilon_0}{aq \cdot N_D} \qquad (6.15)$$

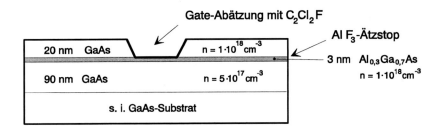

Abb. 6.22. Schichtaufbau eines GaAs MESFETs mit $Al_{0,3}Ga_{0,7}As$ Ätzstopschicht. Durch Ausnutzen der Materialselektivität wird die Ätztiefe begrenzt. (nach Joseph, 1992)

Tabelle 6.3. Gemessene Werte der Schwellenspannung als Mittelwert U_P und Standardabweichung ΔU_P sowie die daraus berechneten Schichtdickenvariation Δa des GaAs-MESFET Wafer. Die Proben (1), (2) und (3) repräsentieren je ein Viertel eines 2"-Wafers (nach Joseph, 1992).

Probe	U_{Th}^* [V]	$\Delta(U_{Th}^*)$ [V]	Δa [nm]
1	-1,752	0,025	0,40
2	-1,743	0,016	0,26
3	-1,737	0,018	0,29

Aus der Variation der Schwellenspannung läßt sich unter Vernachlässigung weiterer Größen in erster Ordnung auf eine Dickenvariation schließen. Es wurden drei GaAs-MESFET Proben mit dem in Abb. 6.22 gezeigten Aufbau hergestellt. Die Abschnürspannung der Transistoren wurde mit einem materialselektiven Trockenätzprozeß durch Ätzen bis zur $Al_{0,3}Ga_{0,7}As$ Ätztopschicht eingestellt. Die erzielten Homogenitäten lassen sich aus der Verteilung der gemessenen Schwellenspannung über dem Wafer ablesen (Tabelle 6.3). Für die in Abb. 6.22 angegebene nominelle Kanalschichtdicke von 90 nm errechnet sich eine Schichtdickenvariation von nur $\Delta a = 0,26 ... 0,4$ nm als Mittelwert über ein Viertel eines 2"-Wafers; das ist weniger als die Gitterkonstante des GaAs- Kristalls.

Schädigung des Halbleiterkristalls

Die Erscheinungsformen der Schädigung durch das Trockenätzen reichen von Stöchiometrieabweichungen an der Halbleiteroberfläche über Verunreinigungen an der Oberfläche bis zu Kristallbaufehlern (Abb. 6.23). Bei der Untersuchung der Materialzusammensetzung werden sowohl Abweichungen vom V/III-Verhältnis der Oberfläche von Verbindungshalbleitern als auch in den Halbleiter eingedrungene Fremdatome detektiert. Die Verunreinigungen resultieren aus Produkten des reaktiven Prozessgases, von der Deposition von Material der Reaktorwand

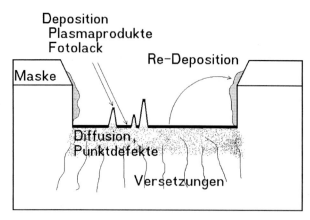

Abb. 6.23. Durch Trockenätzen induzierte Defekte und Verunreinigungen (Joseph, 1992)

und der Kathodenoberfläche oder auch von re-deponiertem polykristallinen Substratmaterial. Oberflächenbelegungen mit Polymerfilmen können sowohl auf geätzten Flächen als auch auf Seitenwänden deponiert werden. Auch Kristallbaufehler, die im wesentlichen in der Form von Punktdefekten auftreten, werden an den geätzten Flächen als Seitenwandschädigung detektiert.

Die Tiefen, in der Schädigungen noch nachgewiesen werden können, gehen weit über die Werte hinaus, die durch das Eindringen der beschleunigten Radikale erwartet werden; z.B. 2,5 nm für Ar-Ionen mit einer kinetischen Energie von 1 keV. Es wird hier vielmehr vermutet, daß bei Cl unterstützten reaktiven Ätzprozessen in GaAs As-Leerstellen Komplexe erzeugt werden, die schnell ins Halbleiterinnere diffundieren können. Zum Nachweis der Schädigungstiefe wurden GaAs/Al$_{0,5}$Ga$_{0,5}$As Quantentopfstrukturen (Abb. 6.24) hergestellt. Die nominellen Topfbreiten sind 1, 2, 4 und 8 nm, die AlGaAs Zwischenschichten haben eine Dicke von 50 nm. Es wurde mit unterschiedlicher Leistung jeweils nur die dünne GaAs Deckschicht abgeätzt. Die Photolumineszenzmessungen wurden bei 10 K durchgeführt. Die optische Anregung erfolgte mit einem Ar-Ionen Laser mit einer Leistung von 10 mW bei einer Wellenlänge von 514 nm. Die gemessenen Intensitäten I wurden jeweils auf die Intensität I_0 eines nicht geätzten benachbarten Probenstückes bezogen.

Die Abnahme der Lumineszenzintensität als Funktion der selbsterregten Gleichspannung für verschiedene Quantentöpfe nach Abätzen der GaAs-Deckschicht kann zur Bestimmung der Schädigungstiefe herangezogen werden (Wong u.a, 1988). In Abb. 6.24 ist für die Quantentöpfe 1, 2, 3, 4 in einer Tiefe von 50, 100, 150, 200 nm die Abnahme der Intensität aufgezeigt. Der Quantentopf 4 in einer Tiefe von 200 nm wird auch mit einer Spannung von 300 V nicht geschädigt. Oberflächennähere Töpfe zeigen Schädigungen schon bei 50 V, während selbst der nur 50 nm tiefe Topf von dem Prozeß mit $U_{DC} = 30$ V nicht geschädigt wird. Diese Ergebnisse zeigen, daß eine Schädigung nicht generell ver-

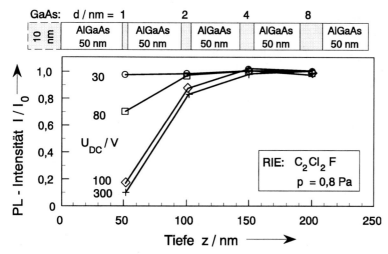

Abb. 6.24. Normierte Intensität der Photolumineszenz von Quantentopf-Strukturen in Abhängigkeit der Tiefe unterhalb der Oberfläche nach Trockenätzprozessen mit 30 V bis 300 V selbsterregter Gleichspannung. Die Werte sind normiert auf die Intensität vor dem Abtrag der 10 nm dicken GaAs-Deckschicht

mieden werden kann. Es ist jedoch möglich, durch geeignete Wahl der Parameter für die jeweilige Anwendung den Einfluß der Schädigung zu minimieren.

Die spezifischen Vor- und Nachteile des Trockenätzverfahrens sind in Tabelle 6.4 im Vergleich zum naßchemischen Ätzen aufgelistet. Neben dem hohen apparativen Aufwand ist der bedeutendste Nachteil des Trockenätzens die Schädigung der Halbleiteroberfläche bei hohem kinetischen Anteil.

Tabelle 6.4. Vor- und Nachteile von naßchemischen- bzw. Trockenätzverfahren zur Herstellung von III/V Halbleiterbauelementen.

naßchemisches Ätzen	Trockenätzen
meist isotroper Ätzangriff mit diffusionsbegrenztem Ätzem	sehr gute Anisotropie („aspect ratio")
Kristallographische Abhängigkeit wird beeinflußt durch Ätzlösung	Ätzrate unabhängig von der Kristallorientierung
	hohe Strukturtreue
gute Materialselektivität	sehr gute Selektivität bei AlGaAs/GaAs wesentlich bessere Homogenität und Reproduzierbarkeit
keine Schädigung des Halbleitermaterials	Schädigung und Verunreinigung der Halbleiteroberfläche
Entsorgung As-haltiger Chemikalie nötig	komplexe Sicherheits- und Umweltschutzmaßnahmen nötig

6.3 Metallisierungen

Halbleitermaterialien haben selbst bei hohen Dotierungen im Vergleich zu Metallen eine niedrigere Ladungsträgerkonzentration, die nur eine erheblich geringere spezifische Leitfähigkeit κ ermöglicht:

$$\kappa = q \cdot (n \cdot \mu_n + p \cdot \mu_p) \tag{6.16}$$

n, μ_n: Elektronenkonzentration und Elektronenbeweglichkeit
p, μ_p: Löcherkonzentration und Löcherbeweglichkeit

Im n-dotierten GaAs kann dabei die Beweglichkeit gemäß der Hilsum-Formel approximiert werden, so daß sich für T = 300 K ergibt:

$$\mu(N_D) = \frac{10.000 \, \frac{cm^2}{Vs}}{1 + \sqrt{\frac{N_D}{10^{17} \, cm^{-3}}}} \tag{6.17}$$

Bsp.: $N_D = n = 1 \cdot 10^{18} \, cm^{-3} \longrightarrow \kappa = 3,8 \cdot 10^2 \, (\Omega cm)^{-1}$

In Metallen entstammen die Ladungsträger nicht der Dotierung sondern den Wirtsgitteratomen selbst. Metalle besitzen daher eine um viele Größenordnungen höhere Ladungsträgerkonzentration (ca. 10^{22} cm^{-3}) und somit trotz niedriger Beweglichkeit der Ladungsträger eine erhöhte Leitfähigkeit (s. z.B. Kuchling, 1977), die um ca. 2-3 Größenordnungen höher ist als bei hochdotierten GaAs. Hochleitende und verlustarme elektrische Verbindungen müssen daher mit Metallen erstellt werden. Weiterhin sind Kontakte von der Außenwelt zum Halbleiterinneren erforderlich, die durch metallische Kontakte (sperrende Schottky- und sperrfreie ohmsche Kontakte) bereitgestellt werden. Die Anforderungen an Metallisierungen lassen sich wie folgt darstellen (vgl. Tabelle 6.5):

Leifähigkeit:
Es werden höchste Leitfähigkeiten ($\kappa \to \infty$) angestrebt. In technischen Kontaktmetallen wie Gold (Au), Silber (Ag), Aluminium (Al) und Platin (Pt) wird eine Leitfähigkeit von $\kappa \approx 10^5 \, (\Omega \cdot cm)^{-1}$ erzielt.

Haftfähigkeit:
Sehr edle Metalle (Au, Pt) besitzen eine schlechte Haftung. Daher werden vorzugsweise geschichtete Metallisierungen aus einer Haftschicht (Cr, Ti) und einer Leitschicht verwendet.

Tabelle 6.5. Kenngrößen und Abscheidungsmöglichkeiten für typische Metalle der III/V-Mikroelektronik. Die Austrittsarbeitsdifferenz q·φ$_{Bn}$ gilt Elektronen zum Leitungsband des GaAs

Substanz (Chem. Zeichen)	q·φ$_{Bn}$ [eV]	κ [10^5/Ω cm]	T [°C] 10^{-2} mbar	T [°C] 10^{-1} mbar	Verdampferquelle Elektronen	Verdampferquelle thermisch	Sputtern
Aluminium (Al)	0,8	3,77	1140	1270	•	o	DC
Chrom (Cr)	0,77	0,77	1380	1570	•	•	DC,RF
Germanium-Gold (Au-Ge)	0,27–0,35		1400	1580	•	o	DC
Gold (Au)	0,86	4,52	1400	1570	•	•	DC
Nickel (Ni)	0,83	1,43	1530	1720	•	o	DC
Platin (Pt)	0,86	0,93	2100	2340	•	o	DC
Silber (Ag)	0,88	6,3	1020	1150	•	•	DC
Titan (Ti)	0,82	0,82	1760	1960	•	o	DC
Wolfram (W)	0,64	0,64	3200	3480	•		DC
Zink (Zn)			340	405	•	•	DC

• = sehr gut   o = möglich

Metall/Halbleiter-Barriere:

An der Grenzfläche zweier Festkörper bildet sich gegen den Übergang von Ladungsträgern eine Barriere aus (s. Abschn. 6.3.3). Durch eine geeignete Materialkombination von Halbleiter und Metall werden sperrende Kontakte (q·Φ$_{Bn}$ ≤ 0,5 eV für Schottky-Kontakte) und nicht sperrende Kontakte (q·Φ$_{Bn}$ ≤ 0,4 eV für ohmsche Kontakte) erstellt.

Strukturgröße:

Lateral sind die minimalen Auflösungsgrenzen der Lithographie (L$_{min}$ < 100 nm) zu erreichen. Vertikal werden für optisch semi-transparente Schichten Werte von d < 10 nm benötigt. In Aufdampftechnik werden typisch Dicken von H = 5 ... 500 nm erstellt. Für thermisch und elektrisch hochleitende Schichten werden in der Galvanisiertechnik Dicken bis zu 50 µm erzielt.

6.3.1 Herstellung von Metallisierungen

In der Mikroelektronik werden Metalle durch Verdampfen fester Quellen, durch Zerstäuben (Sputtern) oder mittels elektrochemischer Galvanik hergestellt. Anzustrebende Schichtdicke und die materialspezifischen Eigenschaften bestimmen die Wahl des Verfahrens (vgl. Tabelle 6.5).

6.3.1.1
Aufdampftechnik

Metalle mit relativ hohen Dampfdrücken, lassen sich durch widerstandsbeheiztes thermisches Verdampfen abscheiden. In Tabelle 6.5 sind dies insbesondere die Metalle, die bei Temperaturen unterhalb von 1600 °C einen Dampfdruck von 10 mbar besitzen. Die Dampfdruckkurven von häufig verwendeten Metallen sind in Abb. 6.25 zusammengefaßt.

Zum thermischen Verdampfen der Metalle werden als Trägermaterial (Schiffchen) Metalle mit sehr niedrigem Dampfdruck wie Wolfram (W) und Molydän (MO) eingesetzt. In Abb. 6.26 ist eine hierzu erforderliche Apparatur in Prinzipskizze und technischer Ausführung dargestellt. Zunächst ist eine Prozeßkammer erforderlich, die durch geeignete Vakuumpumpen (vgl. Abschn. 3.2.2) auf einen Restdruck von 10^{-6} mbar abgepumpt wird. Das Vakuum gewährleistet, daß die Metallmoleküle nicht verunreinigt werden oder gar oxidieren. Das zu verdampfende Metall befindet sich auf einem Schiffchen, welches durch sehr hohe Ströme (ca. 200 A) erhitzt werden. Die Intensitätsverteilung der verdampfenden Metallmoleküle nimmt im Raumwinkel β von der Normalen auf dem Schiffchen gemäß einer Kosinusverteilung ab (Schiller, 1975):

$$I(\beta) = I_0 \cdot \cos^m(\beta), \tag{6.18}$$

Es sollen Metallstrukturen mit senkrechten Kanten und hinreichender Homogenität erstellt werden. Dies erfordert einerseits ein großes Verhältnis des Ab-

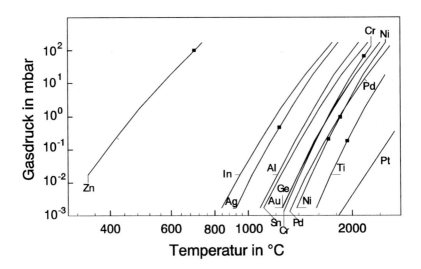

Abb. 6.25. Dampfdruck von Metallen für die III/V-Halbleitertechnologie als Funktion der Temperatur (Honig, 1962)

6.3 Metallisierungen

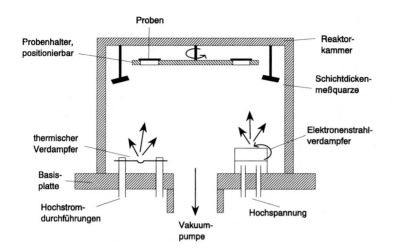

Abb. 6.26. Schematische Darstellung der Probenkammer einer Aufdampfanlage

stands zwischen Quelle und Probe zum Probendurchmesser; d.h. ein geringerer maximaler Raumwinkel β bzw. einen niedrigen Exponentialfaktor m der Kosinusfunktion. Andererseits nimmt der Gesamtmaterialverbrauch quadratisch mit dem Abstand zu. Typische Abstände liegen bei 40 ... 60 cm.

Metalle mit niedrigem Dampfdruck (vgl. Abb. 6.25) können besser mit einem hochintensiven Elektronenstrahl verdampft werden. Die Elektronen emittieren aus einem aufgeheizten Filament und werden auf ca. 4 ... 12 keV beschleunigt. Der Elektronenstrahl wird von einem elektromagnetischen Feld umgelenkt und auf einen gekühlten Tiegel gerichtet, der das zu verdampfende Material enthält. Der Strahl trifft mit einem Durchmesser von ca. 3 mm auf und wird gewöhnlich gerastert. Die Strahlleistung beträgt ca. 2 - 6 kW. Der Vorteil dieser Methode liegt darin, daß alle gängigen Metalle verdampft werden können. Auch solche wie z.B. Wolfram, das wegen seiner hohen Siedetemperatur als Schiffchenmaterial genutzt wird. Der Kupfertiegel verbleibt im Gegensatz zum thermischen Verdampfen durch Wasserkühlung bei niedrigen Temperaturen, so daß keine Verunreinigung aus dem Schiffchen dem aufgedampften Metallfilm beigefügt werden.

Die abgeschiedene Metallfilmdicke wird über einen Schwingquarz bestimmt, der neben der Probe in der Probenkammer montiert ist (vgl. Abb 6.26a). Mit der Belegung der Oberfläche des Schwingquarzes wird dessen Eigenschwingfrequenz verstimmt. Die Frequenzverschiebung ist proportional zur abgeschiedenen Masse aus der sich, bei Kenntnis der spezifischen Masse, die Metallfilmdicke errechnen läßt.

6.3.1.2
Kathodenzerstäubung (Sputtertechnik)

Die Kathodenzerstäubung verwendet eine ähnliche Prozeßkammer wie die Aufdampftechnik. Die zur Abscheidung erforderlichen Metallionen werden jedoch nicht thermisch erzeugt sondern kinetisch. Hierzu werden in einem großen Wechsel- oder Gleichfeld Elektronen beschleunigt, die Trägeratome (meist Argon) ionisieren. Hohe Ionisierungsgrade sind mit einem Prozeßdruck von $10^{-1} ... 10^{-3}$ mbar erzielbar. Die positiv geladenen Träger werden zur Kathode beschleunigt (vgl. Abb. 6.27).

Das Kathodenmaterial besteht aus dem abzuscheidenen Metall und dient als Ziel (Target) für die Ionen, die beim Aufprall Metallionen aus dem Target herausschlagen. Diese Metallmoleküle scheiden sich dann auf dem Substrat ab. Es handelt sich hier nicht um eine Punktquelle, aus der die Metallatome effundieren oder verdampfen sondern um eine flächige Quelle. Diese Quellen gestatten hervorragende Homogenitäten über sehr große Flächen. Daher wird die Sputtertechnik zur großflächigen Beschichtung von Compact-Disc-Trägern, großflächigen Si-Substraten und außerhalb der Mikroelektronik zur Beschichtung von Gläsern und anderen flächigen Werkstoffen eingesetzt. Nachteilig wirkt, daß Ionen auch zum Substrat beschleunigt werden und dort Schäden hervorrufen können (vgl. Abschn. 6.2.2). Die Verunreinigung der Metallfilme mit ungewollt irgendwo aus der Kammer gesputterten Molekülen ist ebenfalls höher.

Im Gegensatz zur Aufdampftechnik ist die Sputter-Abscheidung weitestgehend isotrop (vgl. Abb. 6.28 und Abschn. 6.1.3) und daher gut für Kantenbelegungen geeignet. Andererseits wird insbesondere in der III/V-Halbleitertechnik wegen der mangelnden Selektivität von Metall Halbleiter sehr stark die Lift-Off-Technik

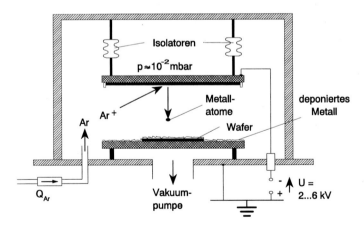

Abb. 6.27. Schematische Darstellung der Sputterdeposition in einer Hochvakuumkammer (nach Morgan, 1990)

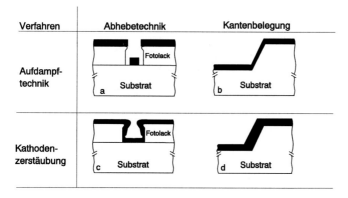

Abb. 6.28. Abscheidung von Metallfilmen anisotrop (**a-b**) mit Aufdampftechnik und isotrop (**c-d**) mit Sputtertechnik (nach Williams, 1984)

eingesetzt (vgl. Abschn. 6.3.2.2). Diese Technik erfordert jedoch, daß keine Kantenbelegung mit Metallen erfolgt, da nur an diesen Kanten das Lösungsmittel in den Fotolack unter der Metallisierung eindringen kann. Für dieses Einsatzgebiet ist die Sputtertechnik wenig geeignet, so daß im Bereich der III/V-Halbleiter die Aufdampftechnik dominiert.

6.3.1.3
Galvanik

Elektrisch und thermisch hochleitende Metallisierungen erfordern häufig Dicken oberhalb 1 µm. Derartige Schichten werden wirtschaftlich im Galvanisierungsverfahren hergestellt. Für die Mikroelektronik hat sich Gold für die galvanische Abscheidung durchgesetzt. Es gibt zwar auch ein elektrodenfreies Galvanisieren (Choudhury et al., 1991), jedoch ist wegen der eingeschränkten Einsetzbarkeit, die elektrochemische Abscheidung das Standardverfahren geblieben. Die technische

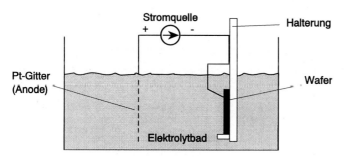

Abb. 6.29. Aufbau des Galvanisierbades

Ausführung (vgl. Abb. 6.29) besteht aus einem Badbehälter, in dem das Goldbad angesetzt wird. Gold ist ein chemisch sehr inaktives Material und kann daher nur in wenigen Salzen angeboten werden. Verwendet wird Goldzyanid ($KAu(CN)_2$), welches leider hoch toxisch ist. Als Anode wird ein Platingitter eingesetzt. Die Probe ist die Kathode auf der sich das Gold abscheidet. Der von einer Konstantstromquelle eingestellte Strom bzw. die Stromdichte J bestimmt die Abscheiderate:

$$d/t = \frac{J \cdot \ddot{A}_{Au} \cdot \alpha_K}{\rho_{M,Au}} \qquad (6.19)$$

J: Stromdichte [A/cm^2]
$\ddot{A}_{Au}$: elektrochemisches Äquivalent

$$\ddot{A}_{Au} = 0{,}6812 \cdot 10^{-3} \frac{g}{A \cdot s}$$

α_K: kathodische Effektivität ($\alpha_K \leq 100\,\%$)
$\rho_{M,Au}$: spezifisches Gewicht von Gold (19,3 g/cm)

Die Abscheidung erfolgt ausschließlich auf leitenden Schichten. In der Praxis wird vor dem Galvanisieren eine dünne ganzflächige Metallisierung aufgedampft (ca. 60 nm Ti,Au), die als Kathode dient. Eine präzise Prozeßdarstellung der Galvanisiertechnik ist von Bertenburg (1992) angegeben worden. Galvanisch hergestellte Schichten entstehen durch Kornwachstum und weisen daher eine gewisse Oberflächenrauhigkeit auf (vgl. Abb. 6.30). Die spezifische Leitfähigkeit ist wegen des Korngrenzenüberganges etwas geringer als aus aufgedampften Schichten ($\rho_{Au,galv.} = 4{,}6 \cdot 10^{-6}\,\Omega\cdot cm$ nach Bertenburg, 1992).

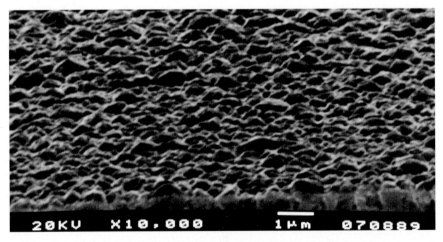

Abb. 6.30. Rasterelektronenmikroskopische (REM) Aufnahme einer galvanisch gewachsenen Goldschicht (d = 2,5 µm) mit niedriger Oberflächenrauhigkeit (ca. 0,2 µm) und niedrigem spezifischen Widerstand)

6.3.2
Strukturierung von Metallen

Die laterale Mikrostrukturierung erfolgt mit den Mitteln der Lithographie. Die vertikale Strukturierung von Metallen auf Halbleitersubstraten basiert auf zwei Ansätzen:

1) ganzflächige Deposition mit anschließendem Ätzabtrag der nicht benötigten Strukturen bis zur Halbleiteroberfläche.
2) Abdeckung der Halbleiteroberfläche mit Fotolack bis auf die mit Metall zu belegenden Bereiche.

Der erste Ansatz nutzt entsprechend modifiziert die Methoden der Ätztechnik, wie sie in Abschn. 6.2 für Halbleiter dargestellt wurden. Da III/V-Halbleiter in Form der Gr. III-Elemente teilweise aus Metallen bestehen, ist die Entwicklung von selektivem Ätzen schwierig. Daher ist besonders für III/V-Halbleiter der 2. Ansatz wichtig, da hier keine Ätztechnik verwendet wird. Dieser Ansatz wird in Form der Abhebetechnik (Abschn. 6.3.2.2) und der selektiven Galvanik (Abschn. 6.3.2.3) dargestellt.

6.3.2.1
Ätztechnik

Es wird zunächst ganzflächig ein Metallfilm aufgebracht und anschließend die gewünschte Struktur mit Fotolack abgedeckt. Dann wird durch Ätzen, die den Fotolack und den Halbleiter möglichst wenig angreifen, das freie Metall bis zur Halbleiteroberfläche entfernt vgl. Abb. 6.17). Für einige Metalle sind selektive Ätzlösungen entwickelt worden:

a) Gold:
   Gold ist das häufigste Kontaktmaterial. Es kann mit einer Jod-haltigen Lösung geätzt werden (Beneking, 1991):

   J_2 : KJ : H_2O
   100g : 150g : 100 ml,
   Rate ca. 100 nm/s

Die Ätze greift jedoch das darunter befindliche Halbleiter-Material an (insbesondere InGaAs) und läßt wegen mangelnder Transparenz keine gute optische Kontrolle zu. Auf der Basis von Kaliumzyaniden (vgl. Abschn. 6.3.1.3) sind jedoch kommerzielle Ätzlösungen erhältlich (Degussa 645, Fa. Degussa; Examet, 2000, Fa Doduko, s. Bertenburg, 1992, Beneking, 1991).

b) Aluminium:
   Aluminium läßt sich relativ leicht mit Phosphor- oder Salzsäure-haltigen Lösungen ätzen. Es eignet sich hervorragend für selbstjustierende Techniken

(z.B. Seiler, 1989). In Abb. 6.31 ist das Ergebnis einer Aluminium-Ätzung auf einem GaAs-Wafer Querschnitt gezeigt. Ein Fotolackstreifen von 1,2 μm Breite, aufgebracht auf eine 0,3 μm dicke ganzflächige Aluminium-Schicht, schützt einen Aluminium-Steg. Das Metall wurde hochselektiv gegen den Halbleiter geätzt mit (Seiler, 1989)

H_3PO_4 : CH_3COOH
7 : 1
Rate 1,4 nm/s (T = 25 °C)

Hierbei ist zu beachten, daß die Probe ein Lokalelement bildet und mit einer geerdeten Pinzette gehalten werden muß, um die Ladung abzuführen. Die erforderliche Prozßfolge ist in Abb. 6.32 skizziert. Der Wafer erhält zunächst durch Mesa-Technik oder wie hier durch selektive Ionenimplanatation einen leitenden Kanal. Aluminium wird ganzflächig auf den GaAs-Wafer aufgedampft und im Bereich der Kanalwanne wird eine Fotolackstruktur erstellt. Die folgende Aluminium-Ätzung auf der Basis des obigen Rezeptes trägt die Metallsierung im vom Fotolack nicht geschützten Bereich ab ohne das GaAs anzugreifen. Durch gezielte Unterätzung des Fotolacksteges, kann der Fotolack-Pilz (siehe Detail als REM-Aufnahme in Abb. 6.31) für einen nachfolgenden Metallisierungsschritt als Maske dienen, ohne daß ein Kurzschluß zwischen dem Aluminium-Steg und der Folgemetallisierung auftritt. Die Folgemetallisierung wird mit einem Ohmmetall (vgl. Abschn. 6.3.3.2) ausgeführt, so daß nach diesem Schritt das Bauelement GaAs-MESFET bestehend aus den drei isolierten aber in unmittelbarer Nähe angebrachten Elektroden Source (S), Gate (G) und Drain (D) in *Selbstjustierenden Technik* fertiggestellt ist. Der Begriff der Selbstjustage leitet sich davon ab, daß

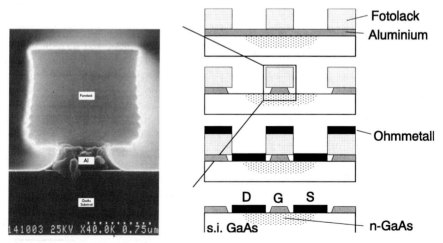

Abb. 6.31. Prozeßfolge der selbstjustierend Technik (Erkärung siehe Text) für einen GaAs-MESFET (nach Seiler, 1989)

die im zweiten Metallisierungschritt aufgebrachte Elektrode nicht durch einen separaten Schritt an die vorherige ausgerichtet wird, sondern dieser Justageprozeß durch die vorherige Metallisierung selbst erfolgt.

6.3.2.2
Abhebetechnik (Lift-Off)

Der Prozeßablauf der Lift-Off Technik zur Erstellung von strukturierten Metallisierungen ist in Abb. 6.32 dargestellt. Zu Beginn wird die Halbleiteroberfläche durch Fotolack abgedeckt (a). Mittels Lithographie wird die gewünschte Struktur aus dem Fotolack herausgehoben (b). Nun erst wird der Metallfilm ganzflächig aufgebracht (c). Danach wird der Wafer in ein erhitztes organisches Lösungsmittel (z.B. Aceton) gegeben, welches den Fotolack unter dem Metallfilm entfernt und somit den Teil der Metallisierung, der keinen direkten Kontakt zum Halbleiter hat, wegschwimmen läßt (c-d).

Damit dieses Verfahren praktisch funktioniert, sind spezielle Ausformungen des Fotolackes hilfreich. Am besten geeignet sind Fotolackkanten, die ein unterschnittenes Profil (s. Abb 6.16) aufweisen, so daß sich kein durchgehender Metallfilm vom Fotolack herunter auf die Halbleiteroberfläche ausbildet. Dadurch kann das Lösungsmittel leichter in die dann offenen Fotolackkanten eindringen und das gesamte nicht benötigte Metall von unten her vom Träger lösen. Dieser Teil des Metallfilms schwimmt dann auf löst sich vom Wafer. Die höhere Strukturauflösung und der schonendere Umgang mit der Halbleiteroberfläche haben die Lift-Off-Technik zum Standardverfahren der Strukturierung von Metallisierungen auf III/V-Halbleitern werden lassen.

6.3.2.3
Fotolack-geführtes Galvanisieren (Luftbrücken)

Die elektrochemische Goldabscheidung ist auch in strukturierter Form möglich. Hierzu wird zunächst der Wafer mit einer dünnen Metallschicht ganzflächig bedampft. Diese Metallschicht dient als Kathode und besteht aus einer dünnen Ti/Au-Schicht (ca. 60 nm, vgl. Abb. 6.33). Auf dieser Schicht wird Fotolack aufgeschleudert, strukturiert und anschließend im Galvanikbad mit einer geführten Goldschicht auf der freien Kathodenfläche bewachsen. Dieses Verfahren ist auch

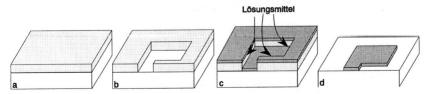

Abb. 6.32. Erstellung einer strukturierten Metallisierung mittels Abhebetechnik (Lift-Off) (nach Bertenburg, 1992)

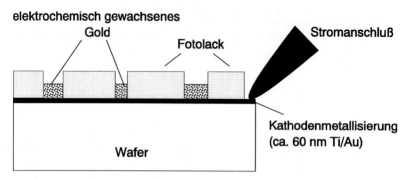

Abb. 6.33. Fotolack-geführtes Galvanisieren: Querschnitt durch die Fotolackstruktur mit ganzflächiger Kathodenmetallisierung und Stromanschluß an die Kathode mittels Metallkontakt

für Höchstauflösung bis hinab zu 0,1 µm geeignet (vgl. Beneking, 1991).

Eine wichtige Anwendung für Fotolack-geführtes Galvanisieren ist die Herstellung von Luftbrücken. Die Brücken werden zwischen zwei metallischen Kontakten errichtet und überbrücken darunter befindliche Leiterbahnen berührungslos. Es ist zudem für Mikrowellenschaltungen eine möglichst hohe Brücke wünschenswert, um eine möglichst geringe kapazitive Last

$$C = \varepsilon_r \cdot \varepsilon_0 \cdot \frac{A}{h} \quad (6.20)$$

zu ermöglichen. Als Isolationsmedium wird unter anderem auch aus diesem Grund Luft ($\varepsilon_r = 1$) gewählt. Der technologische Aufbau einer Luftbrücke ist in

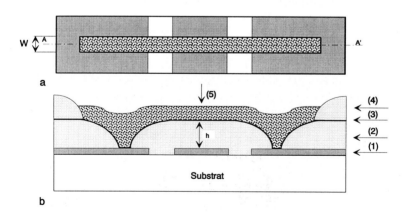

Abb. 6.34. Luftbrücken: Aufsicht einer berührungslosen Verbindung zweier metallischer Kontakte über einen Mittelleiter hinweg (**a**) und Querschnitt des technologischen Brückenaufbaues (**b**) (nach Bertenburg, 1992)

6.3 Metallisierungen

Abb. 6.34 für die Überbrückung eines metallischen Leiters dargestellt. Auf die vorhandenen Kontakte (1) wird Stützlack aufgeschleudert und derart strukturiert, daß die zu verbindenen Kontakte freigelegt werden. In diese Kontaktlöcher werden die Pfeiler der Brücke errichtet. Damit die folgende dünne, ganzflächige Kathodenmetallisierung (3) nicht an den Kanten der Fotolackfenster abreißt, werden die Kanten durch Abstandsbelichtung bewußt abgerundet. Es folgt nun die Fotolackschicht (4), die die äußeren Abmaße der Brücke festlegt. Anschließend wird in diese Mehrfachlackstruktur mit einer Gesamthöhe von ca. 6 µm die ca. 3 µm dicke Goldschicht im Galvanikbad gewachsen. Dann wird die Fotolackmaske (4) im Lösungsmittel und die Kathodenmetallisierung in einer Goldätze entfernt. Als letzer Schritt folgt das Herauslösen des Stützlackes unter der Brücke.

Luftbrücken sind ein vielseitiges und unverzichtbares Hilfsmittel in der Höchstfrequenzelektronik. Sie werden nicht nur zur kapazitätsarmen Überbrückung von

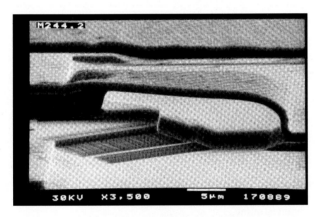

a

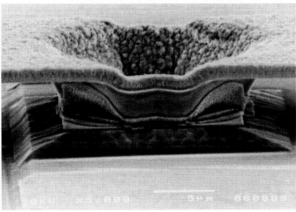

b

Abb. 6.35: Überbrücken naß- und trockenchemisch geätzter Halbleiterkanten (**a**) mit Luftbrücken und Detailansicht eines Luftbrückenpfeilers (**b**) (nach Joseph, 1992)

Leiterbahnen eingesetzt, sondern dienen auch zu Herstellung passiver (Spulen, Kondensatoren) und aktiver (FET mit mehreren Gatefingern) Bauelemente. Weiterhin werden sie verwendet um große topologische Unterschiede zu überwinden, ohne das Metall-Halbleiterkurzschlüsse auftreten oder Metallisierungen an den Topologiekanten reißen (vgl. Abb. 6.35a).

6.3.3
Kontakttechnologie

6.3.3.1
Sperrende (SCHOTTKY-) Kontakte

Metall/Halbleiter-Kontakte weisen eine nicht-lineare I-U Kennlinie auf. Die Nichtlinearität beruht auf einer energetischen Barriere, die die Ladungsträger beim Übertritt vom Metall in den Halbleiter überwinden müssen. Die Barrierenhöhe läßt sich nach der Modellvorstellung von W. Schottky aus der Differenz der Austrittssarbeiten ins Bezugsniveau W_{vak} des Vakuums (Austritt aus Festkörper) ermitteln:

Metall-Vakuum:

$$q \cdot \Phi_M = W_{Vak} - W_F \qquad (6.21)$$

W_{vak}: Vakuumniveau
$q \cdot \Phi_M$: Austrittsarbeit des Metalls

Halbleiter-Vakuum:

$$q \cdot X_{HL} = W_{Vak} - W_L \qquad (6.22)$$

X_{HL}: Elektronenaffinität

Das Vakuumniveau wird als stetig angenommen ($W_{Vak}(z = 0^-) = W_{Vak}(z = 0^+)$). Für den Übertritt von Elektronen vom Metall in den Halbleiter ist $W_L(z = 0^+) - W_F$ ist die gesuchte Barriere, die als Elektronenbarriere mit $q \cdot \Phi_{Bn}$ bezeichnet wird. Es gilt

$$q \cdot \Phi_{Bn} = q \cdot (\Phi_M - X_{HL}). \qquad (6.23)$$

Die Barriere für p-Kontakte kann direkt aus dem Bandabstand W_g und der Elektronenbarriere Φ_{Bn} ermittelt werden:

$$q \cdot \Phi_{Bp} = W_g - q \cdot \Phi_{Bn}. \qquad (6.24)$$

Am Beispiel eines n-dotierten Halbleiters sind die energetischen Zusammenhänge der Gl. (6.21) - (6.24) in Abb. 6.36 erläutert. Es wird bei Metall-Halbleiterkontakten zwischen sperrenden und nicht sperrenden unterschieden. Bei sperrenden Kontakten (Abb. 6.36a) ist die Barriere in Bezug auf Dicke und Höhe

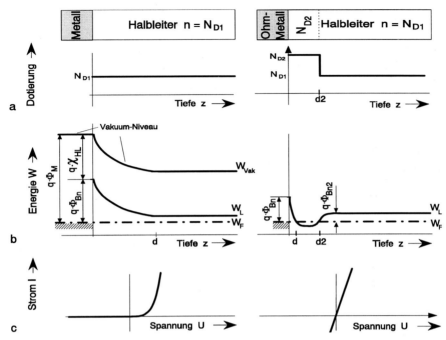

Abb. 6.36. Sperrender Schottky-Kontakt und sperrfreier ohmscher Kontakt mit Legierwanne (**a**) Dotierstoffverteilung (**b**) Bändermodell und (**c**) Strom-Spannungs-Kennlinie

hinreichend, um ein freies Überwinden durch Ladungsträger zu verhindern. Für sperrfreie Kontakte wird diese Barriere abgebaut (Abschn. 6.3.3.2).

In der Grenzschicht Metall-Halbleiter bildet sich im Halbleiter durch Verarmung an freien Ladungsträgern eine Raumladungszone aus. Der Energiebandverlauf und somit der Potentialverauf läßt sich gemäß der Poissonschen Differenzialgleichung beschreiben:

$$\Delta \varphi = -\frac{\rho}{\varepsilon} \tag{6.25}$$

ρ: Raumladung, (hier Donatorrümpfe $q \cdot N_D^+$)
ε: Dielektrizitätszahl des Halbleiters

Nach zweifacher Integration und nach Einsetzen der Randbedingungen

$$q \cdot \varphi(z = 0) = W_L + q \cdot \Phi_{Bn},$$
$$q \cdot \varphi(z = d) = W_F, \tag{6.26}$$
$$\frac{\delta \varphi}{\delta z}(z = d) = 0$$

errechnet sich die Dicke der verarmten Raumladungszone und somit die Dicke der Barriere:

6 Bauelementtechnologie

$$d = \sqrt{\frac{2 \cdot \varepsilon_0 \cdot \varepsilon_{r,HL} \cdot \Phi_{Bn}}{q \cdot N_D^+}} \qquad (6.27)$$

Die Barriere der Dicke d und der Höhe $q \cdot \Phi_{Bn}$ verhindert ein thermisches „Überfliegen" oder ein Durchtunneln. Die technologische Realisierung von Schottky-Barrieren beruht darauf, die Größen $q \cdot \Phi_{Bn}$ und N_D in Gl. (6.27) gezielt bereitzustellen.

1.) Dotierung

Die Dotierung wird meist durch den Anwendungsfall vorgegeben. Für GaAs können bis zu $N_D = 10^{18}$ cm^{-3} sperrende Kontakte hergestellt werden, wobei der Sperrstrom mit der Dotierung steigt und die Sperrspannung abnimmt (s. Abschn. 6.3.3.2).

2.) Barrierenhöhe Φ_B

In Tabelle 6.5 wurden Barrierenhöhen $q \cdot \Phi_{Bn}$ für Metall-GaAs Kontakte angegeben. Viele Metalle zeigen praktisch den gleichen Wert der Barrierenhöhe $q \cdot \Phi_{Bn}$ von ca. 0,8 eV. Diese Beobachtung wird dadurch erklärt, daß zusätzlich zu dem oben genannten Effekt eine weitere Begrenzung der Barrierenhöhe $q \cdot \Phi_{Bn}$ hinzukommt. Bereits eine freie Gruppe-V terminierte III/V-Halbleiteroberfläche hat an der Oberfläche einen Überschuß an Valenzelektronen. Die Oberfläche ist an freien Ladungsträgern verarmt, d.h. im Energiebild wird das Fermi-Niveau unabhängig von Dotierung und Metall in die Bandmitte gezwungen (Fermi-Level-Pinning). Für GaAs (W_g = 1,41 eV) bedeutet dies, daß die Barrierenhöhe ca. 0,7 eV betragen sollte. Experimentell werden Werte von 0,64 eV bis 0,88 eV ermittelt. Für Materialien mit kleinem Bandabstand z.B. $In_{0,53}Ga_{0,47}As$ (W_g = 0,717 eV) führt dieser Effekt dazu, daß praktisch keine sperrenden Schottky-Kontakte erstellt werden können ($q \cdot \Phi_{Bn} < 0,3$ eV; vgl. Heime, 1989).

In der Praxis werden daher für sperrende Kontakte Halbleiter mit großem Bandabstand verwendet: GaAs, $Al_xGa_{1-x}As$, $In_xAl_{1-x}As$ und $Ga_xIn_{1-x}P$. Für GaAs stellen die Metalle Al, Cr, Au, Ag, Ti gängige Kontaktmaterialien dar mit Φ_{Bn} von ca. 0,8 V. Das Erreichen dieses Wertes ist jedoch stark von der Vorbehandlung der Halbleiteroberfläche vor dem Aufbringen des Metalles abhängig. Schottky-Kontakte werden meist durch Aufdampftechnik hergestellt, wobei unmittelbar vor dem Einbau eine naßchemische Reduzierung der Halbleiteroberfläche durchgeführt wird. Einige materialspezifische Beispiele hierfür sind:

- GaAs   HCl : H_2O,   1 : 1,   ca. 2 Min, mit N_2 abblasen
- GaAs/InP NH_3 : H_2O, 1 : 20,   ca. 2 Min, mit N_2 abblasen
- GaAs/InP   HF : H_2O,   1 : 2,   ca. 2 Min, mit N_2 abblasen

Weitere Anforderungen an Schottky-Kontakte sind:
- hohe elektrische Leitfähigkeit

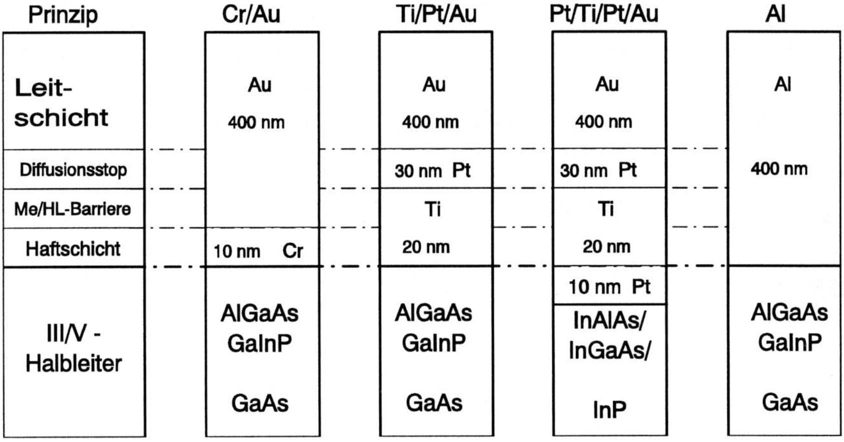

Prinzip	Cr/Au	Ti/Pt/Au	Pt/Ti/Pt/Au	Al
Leitschicht	Au 400 nm	Au 400 nm	Au 400 nm	Al 400 nm
Diffusionsstop		30 nm Pt	30 nm Pt	
Me/HL-Barriere		Ti	Ti	
Haftschicht	10 nm Cr	20 nm	20 nm	
III/V - Halbleiter	AlGaAs GaInP GaAs	AlGaAs GaInP GaAs	10 nm Pt InAlAs/ InGaAs/ InP	AlGaAs GaInP GaAs

Abb. 6.37. Metallisierungssysteme für Schottky-Kontakte auf III/V-Halbleitern. Die Zahlenwerte sind als Richtwerte zu verstehen

- gute mechanische Haftung
- keine Beeinflussung des Halbleiters durch Metalle, z.B. durch Diffusion von Metallatomen in Kristallgitter

In Verbindung mit der großen Barrierenhöhe lassen sich alle diese Anforderungen nur durch geschichtete Metallisierungen erzielen. In Abb. 6.37 ist der Aufbau dieser Metallisierungen illustriert. Als Haftschicht wird Cr verwendet. Ti dient sowohl als Haftschicht als auch zur Einstellung der Barrierenhöhe. Es erfordert jedoch in Verbindung mit Gold eine weitere Metallisierung, um die Diffusion von Gold in den Halbleiterkristall zu unterdrücken. Hierzu wird Pt eingesetzt. Auf InAlAs (vgl. Abb. 6.37d) wird unterhalb der Haftschicht nochmals Pt eingefügt, um die Barriere zu erhöhen.

6.3.3.2 Leitende (Ohmsche-) Metall-Halbleiterkontakte

Möglichst verlustarme, leitende Metall-Halbleiterkontakte können erstellt werden durch:

- eine niedrige Metall-Halbleiterbarriere Φ_B
- und/oder eine extrem hohe Dotierung.

Niedrige Barrieren können thermisch überwunden werden. Hohe Barrieren mit einer Höhe größer als die thermische Energie

$$q \cdot \Phi_B \gg k \cdot T \tag{6.28}$$

von ca. 0,026 eV bei Raumtemperatur müssen über extrem hohe Dotierungen sehr dünn gemacht werden. Hierzu wird (vgl. Abb. 6.36b) in die Oberfläche eine Dotierwanne durch Diffusion erzeugt. Die verbleibenden Barrierendicken können, falls sie hinreichend dünn sind, durchtunnelt werden. Nimmt man vereinfachend die Tunnelbarriere als rechteckförmig der Höhe Φ_{Bn} und der Breite d an (vgl. Abb. 6.36b), so läßt sich die Transmission durch die Barriere gemäß (Heime, 1987):

$$T^{-1} = 1 + \frac{\sinh^2(k_{II} \cdot d)}{4 \cdot \frac{W}{q \cdot \Phi_B} \cdot \left(1 - \frac{W}{q \cdot \Phi_B}\right)}$$

(6.29)

$$k_{II} = \frac{2 \cdot \pi}{h} \cdot \sqrt{2 \cdot m^* \cdot (q \cdot \Phi_B - W)}$$

angeben. In Abb. 6.38 ist die Tunnelwahrscheinlichkeit für Leitungsbandelektronen des n-GaAs ($m^* = 0{,}067\, m_0$) als Funktion der auf die Barrierenhöhe der Elektronen $q \cdot \Phi_{Bn}$ normierten Energie der Elektronen aufgetragen. Für dicke Barrieren (hier d = 5 nm) tunneln die Elektronen erst, wenn die Elektronenenergie nahe der Barrierenhöhe ist ($W/(q \cdot \Phi_{Bn}) = 1$). Dünne Barrieren (d = 1 nm) erlauben bereits hohe Tunnelwahrscheinlichkeiten für $W/(q \cdot \Phi_{Bn}) \ll 1$, d.h. der Kontakt hat keine Sperrcharakteristik mehr. Wird die Gl. (6.27) zur Bestimmung der für eine Barrierendicke von d = 1 nm erforderlichen Dotierungshöhe herangezogen, so errechnet sich überschlägig ($\varepsilon_r = 13$, $q \cdot \Phi_{Bn} = 0{,}5$ eV)

$$N_{D2} = 7{,}2 \cdot 10^{20}\, \text{cm}^{-3}.$$

(6.30)

Die Abschätzung gemäß Gl. (6.30) kann für ohmsche n-Kontakte als Richtwert angesehen werden.

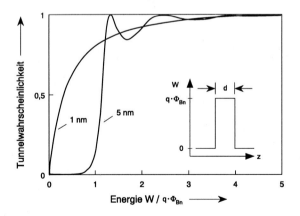

Abb. 6.38. Transmissionswahrscheinlichkeit von Leitungsbandelektronen des GaAs ($m^* = 0{,}067\, m_0$) durch rechteckförmige Potentialbarrieren der Höhe $V_0 = \Phi_{Bn}$ und der Dicke d = 1 nm und d = 5 nm

Kontaktwiderstände, die durch Tunnelemission dominiert sind, lassen sich angeben zu (Sze, 1981):

$$R_K \approx \exp\left(\frac{4\pi \cdot \sqrt{\varepsilon_{r,HL} \cdot \varepsilon_0}}{h} \cdot \frac{\Phi_{Bn}}{\sqrt{N_{D2}}}\right) \tag{6.31}$$

N_{D2} : Dotierung der Wanne

In Abb. 6.36 ist der Leitungsbandverlauf eines ohmschen Metall-Halbleiterkontaktes mit Kontaktwanne auf n-dotiertem Halbleiter dargestellt. Aus dieser Abbildung wird deutlich, daß Elektronen nach der eigentlichen Kontaktbarriere Φ_{Bn} noch die Barriere Φ_{Bn}

$$\Phi_{Bn_2} = W_L(z \to \infty) - W_F \tag{6.32}$$

überwinden müssen, um aus der Kontaktwanne in den Halbleiter zu gelangen. Der diesbezügliche Widerstand errechnet sich unter der Annahme $\Phi_{Bn_2} \leq kT/q$ zu (Sze, 1981):

$$R_K = \frac{k}{q \cdot A^* \cdot T} \cdot e^{\frac{q \cdot \Phi_{Bn_2}}{kT}} \tag{6.33}$$

$$A^* = \frac{4\pi \cdot m^* \cdot k^2}{h^3}$$

Der Widerstand R_K gemäß Gl. (6.33) ist abhängig von der Dotierung des Halbleiters N_{D1}:

$$N_{D_1} = N_L \cdot e^{-\left(\frac{W_L - W_F}{kT}\right)} = N_L \cdot e^{-\frac{q \cdot \Phi_{Bn_2}}{kT}} \tag{6.34}$$

$$\Phi_{Bn_2} = \frac{kT}{q} \cdot \ln \frac{N_L}{N_{D_1}}$$

N_L: Zustandschichte des Leitungsbandes

Einsetzen der Gl. (6.34) in (6.33) liefert eine Abhängigkeit (Wu, 1982)

$$R_K \approx \frac{R_0}{N_D^+} \tag{6.35}$$

unter der Bedingung, daß $N_D^+ \ll N_L$, d.h. für niedrig dotierte Halbleiter kann die Barriere $q \cdot \Phi_{Bn}$ dominant werden für die Höhe des Kontaktwiderstandes.

Metallsysteme für Ohmsche Kontakte

Für leitende Kontakte werden Materialien mit niedriger Barriere Φ_B gesucht. In Tabelle 6.5 sind für einige Metalle die Elektronenbarrieren Φ_{Bn} für Kontakte auf n-GaAs ausgewiesen. Hier bietet sich nur das Au-Ge System an. Darüber hinaus finden Pd-Ge und Pt-Ge Anwendung. Für temperaturstabile Kontakte werden Indium/Wolfram-Metallisierungen verwendet.

Halbleiter mit kleinem Bandabstand W_g und Metalle mit hoher Elektronenbarriere Φ_{Bn} ergeben eine niedrige Löcherbarriere

$$\Phi_{Bp} = W_g - \Phi_{Bn}$$

gemäß Gl. (6.24). Daher können Metalle mit hoher Elektronenbarriere auf Halbleiter mit niedrigem Bandabstand bereits unlegiert gute p-Kontakte ergeben (z.B. p-InGaAs/TiPt/Au). Für legierte p-Kontakte sind die Metallsysteme Au-Zn und Pd-Zn Standard. (Reemtsma, 1989).

Legieren Ohmscher Kontakte

Die Kontaktwanne für ohmsche n- und p-Kontakte (vgl. Abb. 6.36) wird durch einen Legierprozeß erzeugt. Hierbei dringt das vorher aufgedampfte Dotiermetall (Ge für n und Zn für p) in den Kristall ein und erzeugt Dotierungshöhen $N > 10^{20}$ cm^{-3}. Hierbei sollte die geometrische Form des Metallkontaktes nicht verändert werden. Für den Legierprozeß eignen sich sehr gut Schnellheizsysteme mit Lampenheizung.

Das Herzstück des Schnellheizlegierofens (rapid thermal anealer, RTA) bildet eine mit Halogenlampen bestückte Heizkammer, die für Kurzzeitprozesse ausgelegt ist (Abb. 6.39). Die IR-Wellenlänge der Lampen liegt im Bereich von

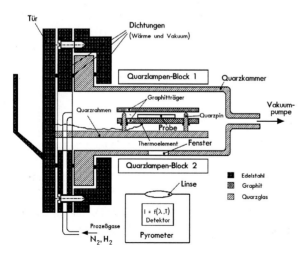

Abb. 6.39. Querschnittsdarstellung der Prozeßkammer eines Lampenschnellheizers (nach Fa. AST, Blaubeuren)

6.3 Metallisierungen

0,7 - 0.9 µm. Ein Pumpensystem erzeugt in der Prozeßkammer einen Basisdruck von $p < 2\cdot10^{-3}$ mbar. Die Prozeßscheibe liegt auf einem Graphitträger, der wiederum von einem Quarzrahmen gehaltert ist. Die Beheizung erfolgt von der Systemober- und -unterseite. Die Reaktionskammer und der Heizblock werden zusätzlich über einen Luft-/Wasserwärmeaustauscher gekühlt. Zur Optimierung der IR-Strahlung sind die Reflektoren goldplatiert. Der Legierprozeß wird durch eine Formiergasatmosphäre von H_2/N_2 begünstigt. Die Temperaturregelung und Prozeßsteuerung erfolgt über einen Steuerrechner.

Die Temperaturübertragung erfolgt indirekt über den Graphitträger zur Probe. Durch die erhöhte Wärmeleitfähigkeit und Wärmekapazität wird die Temperaturhomogenität verbessert. Andererseits isoliert die Quarzrahmenhalterung des Trägers durch ihre geringe Leitfähigkeit und Kapazität die heiße Zone des Reaktors und ermöglicht sehr gute Aufheizgeschwindigkeiten. In Abb. 6.40 ist ein typischer Aufheizzyklus zum Legieren ohmscher n-Kontakte angegeben. Es können Aufheizraten von bis zu 250 °C/s erreicht werden. Die Temperatur wird dann für die Legierzeit auf konstante Temperatur (hier T = 375 °C) gehalten und kühlt dann ab. Die Abkühlrate im Stickstoffstrom ist jedoch mit maximal 70 °C schlechter als die Aufheizrate.

Der Lampenlegierofen ist mit zwei unterschiedlichen Gaslinien ausgerüstet, N_2 und H_2, die den Legierprozeß begünstigen. Die Durchflußmenge und das Mischungsverhältnis der Gase wird über Massendurchflußregler (s. auch Abschn. 3.2.3) vom Rechner aus eingestellt.

Die Prozeßtemperatur wird mittels eines Strahlungs-Pyrometer gemessen und geregelt. Der Graphitteller befindet sich im fokussierten Pyrometerbereich. Die Meßwellenlänge beträgt 3,5 µm. Für Niedertemperaturprozesse werden 2,73 µm angewendet. In diesem Fall wird eine Filterkombination eingesetzt, die die Störstrahlung der Lampen in diesem Bereich ausblendet. Temperaturen unterhalb 300 °C können jedoch nicht mehr mit dem Pyrometer aufgenommen werden (vgl. Abb. 6.40). Die eigentliche Temperatureichung, die unterschiedliche Emissions-

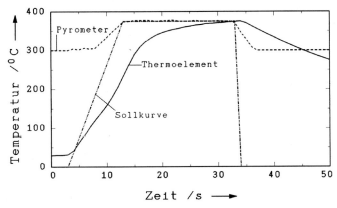

Abb. 6.40. Heizzyklus zur Legierung eines Au-Ge-Ni Ohmkontaktes auf GaAs

faktoren berücksichtigt, wird mit dem Thermoelement durchgeführt, das auf der Rückseite der Graphitscheibe befestigt ist.

Die Messung der Wärmestrahlung mit Strahlungsmeßgeräten (Pyrometer) besitzt mehrere Vorteile:

- es wird direkt die Temperaturstrahlung und damit die Oberflächentemperatur des Graphitträgers gemessen,
- das Temperaturfeld des zu messenden Graphitträgers wird nicht beeinflußt,
- die Einstellzeit liegt im Millisekundenbereich.

In dem interessierenden Temperaturbereich von 300 °C bis etwa 1000 °C entsteht die Strahlung vornehmlich durch Schwingungen der Atome im Raumgitter. Der Zusammenhang zwischen der Temperatur T und der spektralen spezifischen Ausstrahlung $M_S(\lambda)$ wird durch das Plancksche Strahlungsgesetz beschrieben:

$$M_s(\lambda) = \frac{c_1}{\lambda^5 \cdot \exp\left(\frac{c_2}{\lambda \cdot T} - 1\right)} \tag{6.36}$$

$c_1 = 2\pi c^2 h$
$c_2 = c \cdot h/k$
c: Lichtgeschwindigkeit

Das Maximum der Isothermen wird durch das Wiensche Verschiebungsgesetz beschrieben:

$$\lambda_{max} \cdot T = A$$
$$A = 0{,}28978 \cdot 10^{-2} \text{ mK} \tag{6.37}$$

Durch Integration der Gl. (6.36) von Null bis unendlich erhält man das Stefan-Boltzmann-Gesetz:

$$M_s = \sigma \cdot T^4,$$
$$\text{mit } \sigma = \frac{2 \cdot \pi^5 \cdot k^4}{15 \cdot h^3 \cdot c^2} \tag{6.38}$$

Der Logarithmus der spezifischen Ausstrahlung M_s ist proportional zur Temperatur:

$$\log M_s \propto T \tag{6.39}$$

Beim Einsatz eines Photodetektors, der eine der Strahlungsintensität proportionale Spannung abgibt, ist die Temperatur also proportional dem Logarithmus der Spannung. Auf diesem Prinzip beruht die in der Steuerung verwirklichte pyrometrische Temperaturmessung.

Streng genommen gilt dies jedoch nur für *Schwarze Strahler*. Technische Oberflächen strahlen in der Regel nicht wie schwarze Körper. Bei der berührungslosen Temperaturmessung müssen insbesondere der Emissionsgrad, reflektierte und

6.3 Metallisierungen

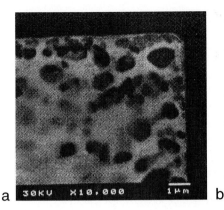 

Abb. 6.41. Rasterelektronenmikroskopbilder von Ohmkontakten auf n-GaAs: Eutektisches AuGe/Ni/Au nach Langzeitlegierung im Widerstandsbeheizten Ofen. Prozeßdaten: 1.) T = 200 °C, t = 10 min, 2.) T = 450 °C, t = 6 min **(a)** Geschichtetes Ge/Ni/Au nach Kurzzeitlegierung im Schnellheizer Prozeßdaten: T = 420 °C, t = 2,5 min **(b)** (Bertenburg, 1992)

durchgelassene Strahlungsanteile, die nicht von der Probe selbst herrühren, mitberücksichtigt werden.

In Analogie zur sichtbaren Strahlung wird ein Körper als *Schwarzer Strahler* bezeichnet, wenn er alle auftretenden Strahlen absorbiert und somit einen Absorptionsgrad von $\alpha(\lambda) = 1$ für alle λ besitzt. Das Verhältnis zwischen der emittierten Strahlung eines Körpers zu der des Schwarzen Strahlers wird als spektraler Emissionsgrad ε bezeichnet. Im Lampenlegierofen wird ein Graphitträger zur Strahlungsabsorption eingesetzt, der ein $\varepsilon(\lambda = 0,65\ nm) = 0,8 ... 0,9$ (Lieneweg, 1976) besitzt. Er kommt somit dem *Schwarzen Strahler* sehr nahe. Im Vergleich dazu besitzt das als Reflektormaterial eingesetzte Gold ein $\varepsilon < 0,05$.

In Abb. 6.41 sind Rasterelektronenmikroskopaufnahmen von legierten ohmschen Kontakten dargestellt. Der Kontrast ist proportional zur Massenzahl der Metalle. Helle Bereiche zeigen eine hohe Massenzahl an ($M_{Au} = 197\ u$), dunkle Bereiche eine niedrige Massenzahl ($M_{Ge} = 72,6\ u$). Der Legierprozeß führt zu lokalen Ge-reichen Zonen, die das Modell von Punktkontakten unterstützen (Piotraowska, 1990). Diese Zonengröße ist im Langzeitlegierverfahren (Abb. 6.41a) größer. Ein wichtiger Teilaspekt in der Herstellung ohmscher Kontakte ist die Kantenschärfe, da diese für nachfolgende Belichtungsverfahren als Justiermarken verwendet werden. Hierzu sind glatte Kanten erforderlich.

Kontaktwiderstände werden bei vertikalen Bauelementen als Flächenkontakte auf die Flachen normiert. In lateralen Bauelementen wie Feldeffekttransistoren handelt es sich mehr um Linienkontakte an den Grenzen von Metallisierung und Halbleiter. Entsprechend wird der Kontaktwiderstand auf die Kantenlänge normiert angegeben:

$$R_K^* = \frac{R_K}{W} \left[\frac{\Omega}{mm}\right] \qquad (6.40)$$

Beide Werte können mittels der Transmission-Line-Methode bestimmt werden (Reeves, 1982). Gute ohmsche Kontakte auf n-GaAs besitzen ein $R_K^* \leq 0,1 \, \Omega \cdot mm^{-1}$.

6.4 Literatur

Beets, D.J.: Hochauflösende Elektronenstrahllithograpie. Productronic 7/8, 1986
Beneking, H.: Halbleitertechnologie. Stuttgart: Teubner 1991
Bolsen, M.: AZ 5200 Resists for Positive and Negative Pattering. Informationsschritt der Hoechst AG, Bereich Informationstechnik, Oktober 1986
Choudhury, D., Bhatgadde, L.G., Mahapatra, S.: Selective Electrolessplating - a New Technique for GaAs MMIC's. IEEE Trans. Semiconductor Manufacturing, Vol. 4, No. 1, 69-72, 1991
Dingfen, W., Heime, K.: New Explanation of N_D^{-1} Dependence of Specific Contact Resistance for n-GaAs. Electronics Letters, Vol. 18, No. 22, pp. 940-941, 1982
Hatzakis, M., Ting, L.H., Viswana, N.: Fundamental aspects of electron beam exposure of polymeric resist systems. Proc. 6th Int. Conf. on Electron & Ion Beam Science & Technology, pp. 542-549, 1974
Heime K.: Festkörperelektronik. Vorlesungsskript, Universität-GH-Duisburg, 1987
Heime K.: InGaAs Field-Effect Transistors. New York: John Wiley & Sons 1989
Heuberger, A.: X-Ray-Lithography. Microelectronic Eng. 5, pp. 3-38, 1986
Hiramoto, T., Hirakawa, K., Ikoma, T.: Fabrication of one-dimensional GaAs wires by focused ion beam implantation. J. Vac. Sci. Technol. B6 (3), May/June 1988
Honig, R.E.: Vapor pressure data for the solid and liquid elements. RCA Review, Dec. 1962
Joseph, M.: Reaktives Ionenätzen zur Herstellung von III/V-Halbleiterbauelementen und integrierten Schaltungen. Dissertation, Universität-GH-Duisburg, 1992
Kuchling, H.: Physik; Formeln und Gesetze. Köln: Buch- und Zeitverlagsgesellschaft, 1977
Lieneweg, F.: Handbuch der technischen Temperaturmessung. Braunschweig, 1976
Löwe, H., Keppel, P., Zach, D.: Halbleiterätzverfahren. Berlin: Akademie-Verlag 1990.
Mishra, U.K., Brown, A.S., Rosenbaum, S.E., Hoopre C.E., Pierce, M.W., Delaney, M.J., Vaughn, S., White K.: Microwave Performance of AlInAs-GaInAs HEMT's with 0.2- and 0.1-µm Gate Length. IEEE Electron Device Letters, Vol 9(12), pp 647, 1988.
Moreau, W.M.: Semiconductor lithography. New York: Plenum Press 1988
Nguyen, L.D., Brown, A.S., Thompson, M.A., Jelloian, L.M.: 50-nm Self-Aligned-Gate Pseudomorphic AlInAs/GaInAs High Electron Mobility Transistors. IEEE Transactions On Electron Devices, Vol. 39 (9), pp 2007, 1992.
Pearton, S.J.: Dry etching techniques and chemistries for III-V semiconductors. Materials Science and Engineering, B 10, pp.187-186, 1991.

Piotrowska, A., Kaminska, E.: Ohmic Contacts to III-V Compound Semiconductors. Thin Solid Films, 193/194, pp 511-527, 1990.
Reemtsma, J.-H.: Herstellung und Eigenschaften von p-Kanal-Heterostruktur-Feldeffekttransistoren. Duisburger Mikroelektronik, Band 8. Aachen: Nellissen-Wolff 1989
Reeves, G.K., Harrison, H.B.: Obtaining the Specific Contact Resistance from Transmission Line Model Measurements. IEEE Electron Device Letters, Vol. 3, pp 111-113, No. 5, 1982.
Reimer, L.: Scanning Electron Microscopy, Berlin: Springer 1985
Schiller, S., Heisig U.: Bedampfungstechnik - Verfahren, Einrichtungen, Anwendungen, Informationselektronik. Berlin: VEB-Verlag Technik 1975
Seiler, U.: Ionen-implantierte MESFET mit Kanälen hoher Elektonenkonzentration. Dissertation, Universität-GH-Duisburg, 1989
Sze, S.M.: Physics of semiconductor Devices. New York: John Wiley & Sons 1981
Weast, R.C.: CRC Handbook of Chemistry and Physics. 57th ed., Cleveland 1976
Wieck, A.D., Ploog, K.: In-plane-gated quantum wire transistor fabricated by directly wrtten focused ion beams. Appl.Phys.Lett., 56, 928 (1990)
Wong, H.F., Green, D.L, Liu, T.Y., Lishan, D.G., Bellis M., Hu E.L., Petroff P.M., Holtz, P.O., Merz, J.L.: Investigation of Reactive Ion Etching Induced Damage in GaAs-AlGaAs Quantum Well Structures. J. Vac. Sci. Technol. B6 (6),pp 1906-1910, 1988

7 Umweltschutz und Arbeitssicherheit

Halbleitermaterialien werden häufig aus toxischen und/oder phyrophoren Stoffen erstellt oder mit solchen Stoffen behandelt. In der Herstellungs-, Verarbeitungs- und Charakterisierungstechnik werden zudem Verfahren eingesetzt, die strengen Kontrollen bezüglich der Arbeitssicherheit unterliegen. In der Halbleitertechnologie sind hohe Aufwendungen erforderlich, um den Anforderungen des Umweltschutzes Rechnung zu tragen. In diesem Kapitel werden die Grundverfahrensweisen für die Säulen des Umweltschutzes im Bereich der III/V Halbleitertechnologie skizziert:

- Arbeitssicherheit
- Emissionsschutz
- Versorgung, Lagerung, Entsorgung.

7.1 Gefährliche Stoffe

Die Entwicklung und Nutzung gefährlicher Stoffe ist mit Risiken verbunden, die zunächst eine hohe individuelle Verantwortung bedingen. Die Gesetzliche Grundlage für den Umgang mit Gefahrstoffen ist die Gefahrstoffverordnung (GefStoffV). Sie ist Teil eines umfassenden Rechtsgebäude (Abb. 7.1), welches den Umgang mit Gefahrstoffen Rechtsvorschriften unterwirft und das Risiko im Umgang mit diesen Stoffen objektivierbar macht. Das Gefahrstoffrecht basiert auf dem Chemikaliengesetz und der Reichsversicherungsverordnung. Es regelt die stoffbezogene technische Einstufung und Benennung des Gefahrenpotentials sowie die Herausgabe von Unfallverhütungsvorschriften (UVV) durch die Unfallversicherungsträger. Außerdem regelt sie die staatliche Überwachung durch die Technischen Aufsichtsbeamten (TAB). Die Gefahrstoffverordnung verpflichtet im Einzelnen zur

- Kennzeichnung der Gefahrstoffe,
- Ermittlung und Beurteilung des Gefährdungspotentials,
- Einleitung von Schutzmaßnahmen,
- Erstellung einer Betriebsanweisung für den sachgerechten Umgang,
- Festlegung der Verantwortlichkeiten innerhalb des Unternehmens,
- zeitlichen oder generellen Festlegung der Beschäftigung bestimmter Personengruppen (Jugend- und Mutterschutz).

Gefahrstoffrecht - Struktur für den Bereich "Umgang mit Gefahrstoffen"

Chemikaliengesetz (ChemG) vom 16.9.1980
- Einstufung, Verpackung, Kennzeichnung
  - § 13 Einstufungs-, Verpackungs- und Kennzeichnungspflicht
  - § 14 Art der Verpackung und Kennzeichnung
- Umgang mit gefährlichen Stoffen
  - § 17 Ermächtigung zu Verboten und Beschränkungen
  - § 19 Vorschriften über betriebliche Maßnahmen
- Überwachung
  - § 21 Überwachung/Informationspflicht

Verordnung über gefährliche Stoffe (GefStoffV)
- zu §§ 13, 14, 17, 19 zu 25 ChemG -

- Umgang mit gefährlichen Stoffen §§ 14-25, 27 und 36
- Beschäftigungsbeschränkungen § 26
- Besondere Vorschriften über die ärztliche Überwachung §§ 28 - 35

Anhang I-VI der (GefstoffV) z.B.
- Anhang II: ... Umgang mit krebserzeugenden ... Gefahrstoffen
- Anhang VI: Liste eingestufter gefährlicher Stoffe und Zubereitungen

Technische Regeln für Gefahrstoffe (TRGS), bisher TRgA

z.B.: TRGS 900 (MAK-Werte-Liste)

Hinweis:
Die TRGS geben den nach § 17 GefStoffV zu beachtenden Stand der allgemein anerkannten sicherheitstechnitschen, arbeitsmedizinischen und hygienischen Regeln sowie dei sonstigen gesicherten arbeitswissenschaftlichen Erkenntnisse wieder.

Reichsversicherungsordnung (RVO)
- § 708 Erlaß von UVVen
- § 712 Überwachung durch den TAB

Unfallverhütungsvorschriften (UVVen) der Unfallversicherungsträger z.B.
- VBG1/GUV 0.1 Allgemeine Vorschriften
- VBG 23/GUV 9.10 Verarbeiten von Anstrichstoffen
- VBG 100/GUV 0.6 Arbeitsmedizinische Vorsorge
- VBG 113 Schutzmaßnahmen beim Umgang mit krebserzeugenden Arbeitsstoffen
- VBG 119 Gesundheitsgefährlicher mineralischer Staub

Hinweis: § 17 GefStoffV verpfichtet den Arbeitgeber zur Beachtung der für ihn geltenden UVVen

Sonstige Regelwerke der gesetzlichen Unfallversicherungsträger

Richtlinien, Sicherheitsregeln, Merkblätter und Grundsätze, z.B.
- ZH 1/24.2 Merkblatt: Umgang mit gefährlichen Stoffen
- ZH 1/81 Merkblatt für gefährliche chemische Stoffe

Abb. 7.1. Übersicht über das Rechtsgebäude für den Umgang mit Gefahrstoffen (nach: Der Sicherheitsbeauftragte, 9, 1990)

Explosionsgefährlich — Durch die Einwirkung von Zündquellen oder durch Schlag oder Reibung können Explosionen ausgelöst werden

 Mindergiftig — Beim Einatmen, Verschlucken oder bei der Berührung mit der Haut werden Gesundheitsschäden von beschränkter Wirkung hervorgerufen.

 Brandfördernd — Können bei Kontakt mit brennbaren Stoffen zur Selbstentzündung führen, fördern bestehende Brände erheblich und erschweren Löscharbeiten.

 Ätzend — Bei Berührung mit lebendem Gewebe wird dessen Zerstörung verursacht; die Zerstörung von Betriebsmitteln erhöht die Unfallhäufigkeit.

 Hoch entzündlich — Bereits bei Temperaturen unter 0 Null Grad C bildet sich über der Flüssigkeit ein zündfähiges Dampf-/Luftgemisch.

 Reizend — Beim Einatmen oder bei der Berührung mit der Haut, den Augen oder den Atmungsorganen.

 Leicht entzündlich — Bei Raumtemperatur und darunter bildet sich über der Flüssigkeit ein zündfähiges Dampf-/Luftgemisch.

 krebserzeugend — Stoffe oder Zubereitungen, die beim Menschen erfahrungsgemäß bösartige Geschwülste verursachen, die sich bislang nur in Tierversuchen als eindeutig krebserzeugend erwiesen haben, oder bei denen ein begründeter Verdacht auf krebserzeugende Wirkung vorliegt.

 entzündlich — Erst oberhalb der Raumtemperatur bildet sich über der Flüssigkeit ein zündfähiges Dampf-/Luftgemisch.

 Hochgiftig — Beim Einatmen, Verschlucken oder bei der Berührung mit der Haut werden schwere akute oder chronische Gesundheitsschäden oder der Tod herbeigeführt.

 fruchtschädigend — Das vorgeburtliche Leben wird bereits im Mutterleib dauerhaft geschädigt, es kann auch nach der Geburt zu einer dauerhaften Beeinträchtigung der Entwicklung kommen.

 Giftig — Beim Einatmen, Verschlucken oder bei Berührung mit der Haut werden erhebliche akute oder chronische Gesundheitsschäden oder der Tod herbeigeführt.

erbgutschädigend — Schädigen das Erbgut in männlichen und weiblichen Keimzellen, so daß im Falle einer Befruchtung mit Mißbildungen des Embryos gerechnet werden muß.

Abb 7.2. Symbole zur Kennzeichnung von Gefahrstoffen (nach Der Sicherheitsbeauftragte, 9, 1990)

Die Kennzeichnung von Gefahrstoffen erfolgt mit genormten Symbolen (vgl. Abb. 7.2). Zur Ermittlung und Beurteilung des Gefährdungspotentials kann zunächst die Stoffliste gemäß den „Technischen Regeln für Gefahrstoffe, TRGS 900" herangezogen werden. In dieser Liste sind für eine Reihe von Stoffen Höchstwerte angegeben, die zur Einstufung des Gefahrenpotentials bzw. zur Ermittlung der Konzentration dienen, bis zu der man diesen Stoffen ausgesetzt sein darf. Hierzu bedarf es genauer Definitionen, die in Abb. 7.3 angegeben sind. Die Stoffliste wird von der Senatskommission zur Prüfung gesundheitsschädlicher Arbeitsstoffe der Deutschen Forschungsgemeinschaft herausgegeben und ständig überarbeitet. Für eine Fülle von Stoffen, die in forschungsintensiven Instituten eingesetzt werden, gibt es noch keine Beurteilung, so daß es in der Verantwortung des Anwenders liegt, zur Einschätzung der Risiken des Gefahrstoffes beizutragen.

Ein Auszug aus der TRGS 900 für in der III/V-Halbleitertechnologie typischen Stoffe ist in Abb. 7.4 wiedergegeben. Für krebserzeugende Stoffe kann ein MAK-Wert nicht angegeben werden.

MAK-Wert
Der MAK-Wert (maximale Arbeitsplatzkonzentration) ist die höchstzulässige Konzentration eines Arbeitsstoffes als Gas, Dampf oder Schwebstoff in der Luft am Arbeitsplatz, die nach dem gegenwärtigen Stand der Technik auch bei wiederholter und langfristiger, in der Regel 8-stündiger Exposition, jedoch bei Einhaltung einer durchschnittlichen Wochenarbeitszeit von 40 Stunden im allgemeinen die Gesundheit der Beschäftigten nicht beeinträchtigt und diese nicht unangemessen belästigt.

BAT-Wert
Der BAT-Wert (Biologischer Arbeitsstofftoleranzwert) ist die beim Menschen höchstzulässige Quantität eines Arbeitsstoffes bzw. Arbeitsstoffmetaboliten oder die dadurch ausgelöste Abweichung eines biologischen Indikators von seiner Norm, die nach dem gegenwärtigen Stand der wissenschaftlichen Erkenntnisse im allgemeinen die Gesundheit der Beschäftigten auch dann nicht beeinträchtigt, wenn sie durch die Einflüsse des Arbeitsplatzes regelhaft erzielt wird. Er wird unter Berücksichtigung der Wirkungscharakteristika der Arbeitsstoffe und einer angemessenen Sicherheitsspanne in der Regel für Blut und Harn aufgestellt.

TRK-Wert
Für eine Reihe krebserzeugender und erbgutverändernder Arbeitsstoffe können MAK-Werte nicht ermittelt werden. Deshalb versteht man unter dem TRK-Wert (Technische Richtkonzentration) eines Gefahrenstoffes diejenige Konzentration als Gas, Dampf oder Schwebstoff in der Luft, die als Anhalt für die zu treffenden Schutzmaßnahmen und die meßtechnische Überwachung am Arbeitsplatz heranzuziehen ist. Es werden nur für solche Gefahrstoffe TRK-Werte genannt, für die zur Zeit keine toxikologisch- arbeitsplatzmedizinisch begründeten MAK-Werte aufgestellt werden können.

Abb. 7.3. Definitionen der Grenzwerte für Gefahrstoffkonzentrationen

7.1 Gefährliche Stoffe

Es wird eine <u>T</u>echnische <u>R</u>icht<u>k</u>onzentration (TRK, vgl. Abb. 7.3) definiert, die als Richtwert für Arbeitsschutzmaßnahmen verwendet wird. Zu diesen Stoffen zählen Arsentrioxid, Benzol und Beryllium. Präzisere Auskünfte über einen Gefahrstoff vermittelt das Sicherheitsdatenblatt. Darin ist der aktuelle Wissensstands zum Riskopotentials des Stoffes und die nach dem Gefahrstoffrecht abzu-

Stoff	Formel	MAK ml/m³ mg/m³ (ppm)		TRK ml/m³	H.S	Krebs-erzeu-gend Gruppe	Schwan-ger-schaft Gruppe	Dampf-druck in mbar bei 20°C
Aceton	$H_3C\text{-}CO\text{-}CH_3$	1000	2400					240
Ammoniak	NH_3	50	35				C	
Arsentrioxid Arsenpentoxid, Arsenige Säure, Arsensäure und ihre Salze	As_2O_3	-	-	0,1		III A1	-	
Arsenwasserstoff	AsH_3	0,005	0,2					
Benzol	⌬	-	-	16	H	III A1	-	101
Beryllium und seine Verbindungen	Be	-	-	0,002		III A2	-	
Chlor	Cl_2	0,5	1,5				C	
Chlorbenzol	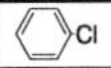 ⌬Cl	50	230				C	12
Chlorwasserstoff	HCl	5	7				C	
Cyanide als CN berechnet			5G		H			
Flurwasserstoff	HF	3	2					
Phosphortrichlorid	PCl_3	0,5	3					127
Phosphorwasserstoff	PH_3	0,1	0,15					
iso-Propanol	$(H_3C)_2CHOH$	400	980				D	40
Quecksilber	Hg	0,01	0,1					
***Salpetersäure**	HNO_3	2	5					
Salzsäure	s. Chlorwasserstoff							
Schwefelsäure	H_2SO_4		1G					
Schwefelwasserstoff	H_2S	10	15					
Silber	Ag		0,01 G					
zum Vergleich: **Nikotin**	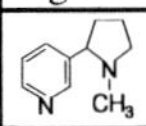	0,07	0,5		H			

Erläuterungen:
III A1: erfahrungsgemäß bei Menschen
III A2: aus Tierversuchen mit Übertragbarkeit auf den Menschen
C: Bei Einhaltung MAK keine Fruchtschädigung
D: Einstufung in B oder C nicht abgeschlossen
H: Hautresorption zu befürchten
G: Anteil am Gesamtstaub

Abb. 7.4. Auszug aus der Stoffliste gemäß der TRGS 900 für einige in der III/V- Halbleitertechnologie übliche Gefahrstoffe (Bundesminister für Arbeit, 1990)

zusammengefaßt. Für das Arsentrioxid ist als Beispiel ein solches angegeben (Abb.7.5, Teil 1-3).

CAS-Nr. 1327-52-3 EG-Nr. 003-002-00-5 UN-Nr. 1561	**89/1**	**Arsentrioxid**
Andere Bezeichnungen Arsenik, Arsen(III)-oxid		
Stoffbeschreibung Weißes, geruchloses Pulver mit metallischem Geschmack, sehr giftig		
Verwendung Herstelllung von Schädlingsbekämpfungsmitteln		

Chemische und physikalische Daten

Chemische Formel:	As2O3		
Molmasse:	197,8 g/mol	Flammpunkt:	- °C
Schmelztemperatur:	315 °C (subl.)	Zündtemperatur:	-°C
Siedetemperatur bei 1013 mbar:	400°C	Explosionsgrenzen: untere	- Vol. %
Dichte bei 20 °C:	3,86 g/ml	obere	- Vol. %
Dampfdruck:		Löslichkeit in Wasser	
bei 20 °C	- mbar	bei 0 °C:	12 g/l
bei 30 °C	-mbar	bei 25 °C:	21 g/l
bei 50 °C	- mbar	bei 75 °C:	60 g/l
rel. Dampfdichte: (Luft = 1)	-	Löslichkeit in organ. Lösungsmitteln:	unlöslich

Allgemeine Sicherheitsratschläge

Raumentlüftung; in geschlossener Apparatur arbeiten;
Hautkontakt vermeiden; Schutzkleidung

Augenschutz tragen

Schutzhandschuhe tragen

Warnung vor giftigen Stoffen

Abb 7.5a. Arbeitssicherheitsdatenblatt Arsentrioxid (Teil 1)

Gesundheitliche Gefahren am Arbeitsplatz

Krebserzeugend nach Gruppe:III A2

MAK-Wert:	-ml/m³ (ppm)	Spitzenbegrenzung:	-
	-mg/m³	Schwangerschaft:	-
BAT-Wert	-	TRK-Wert: (als As als Gesamtstaub)	0,2 mg/m³
Geruchsschwelle:	-ml/m³	Berufskrakheit:	BK 1108
Vorsorgeuntersuchung:	-	Berufsgen. Grundsatz:	G 16

Reaktion mit anderen Stoffen

Toxikologische Daten

LD_{50} (oral, Ratte)	200,00 mg/kg	LD_{LO} (sc., Ratte)	15 mg/kg
LD_{50} (oral, Mensch)	1,43 mg/kg		
LD_{50} (inhal., Mensch)	0,70 mg/kg	carcinogen	

Gefahren für die Umwelt

Bewertungszahlen für akute Toxizität gegen Säugetiere   3
gegen Fische   4
gegen Bakterien: 4,6

Beseitigung kleiner Mengen

Kennzeichnung für Inverkehrbringen und Umgang

Anmerkung K:
Krebserzeugend nach Anhang II

Giftig

R-Sätze
R23/25   Giftig beim Einatmen und Verschlucken
R 45   Kann Krebs erzeugen
S-Sätze
S 1/2   Unter Verschluß und für Kinder unzugänglich aufbewahren
S 20/21   Bei der Arbeit nicht essen, trinken, rauchen
S 28   Bei Berührung mit er Haut sofort mit viel Wasser abwaschen
S 44   Bei Unwohlsein ärztlichen Rat einholen (wenn möglich, dieses Etikett vorzeigen)

Abb. 7.5b. Arbeitssicherheitsdatenblatt Arsentrioxid (Teil 2)

Kennzeichnung von Zubereitungen

Anhang I, 2.2	Kennz.-Klasse: T > 0,2
I, 2.3	Xn 0,1-0,2
I, 2.4	
II	

Kennzeichnung bei Aufbewahrung und Lagerung

- T,Xn

Sachkenntnis erforderlich: Ja

Zuordnung nach anderen Vorschriften

Wassergefährdungsklasse:	3	Störfallverordnung
		Anhang II, Nr. 8
Gefahrklasse nach VbF:	-	TA Luft:
TRGS/TRgA:	120,123	max. zulässige Emission bei
Einordnung nach		Massenstrom $\geq$ 5g/h: 1 mg/m^3
GGVS:	Kl. 6.1,Ziffer 51b	

Technische Maßnahmen

Erste Maßnahmen bei Brand

Gefährdendes Gebiet absperren, bei strarker ERhitzung dre Flüssigkeit große Sicherheitszone bilden; Explosionsgefahr.

Erste Maßnahmen bei Gefahr der Kontamination

Luft: Alle unbeteiligten Personen nach Luv (gegen den Wind) entfernen
Wasser: Trink-, Brauch- und Kühlwasserunternehmer unterrichten

Hinweise für die Feuerwehr

Löschen mit Wasser, Trockenlöschpulver, Kohlensäure, Schaum oder Sprühwasser

Medizinische Maßnahmen

Erste Hilfe

Verletzte an die frische Luft bringen, benetzte Kleidungsstücke entfernen, betroffene Körperstellen mit Wasser spülen, Transport in stabiler Seitenlage.

Hinweise für Ärzte

Symptomatische Behandlung

Abb. 7.5c. Arbeitssicherheitsdatenblatt Arsentrioxid (Teil 3)

7.2
Detektion gefährlicher Stoffe

Zur Überwachung von Anlagen und Medienversorgungen toxischer Stoffe werden Monitorsysteme eingesetzt, die unterhalb des MAK-Wertes die Atemluft kontrollieren und beim Überschreiten festgelegter Hochalarmschwellen den Prozeß automatisch abbrechen.In der Halbleitertechnologie werden u.a. folgende Gase häufig überwacht:

- Hydride PH_3, AsH_3, SiH_4, Si_2H_6, H_2S
- Halogene HCl, Cl
- Ammoniak NH_3

Insbesondere für Hydride sind zur Überwachung hochempfindliche Systeme erforderlich, die im ppb-Bereich arbeiten. Es wurden folgende Verfahren eingesetzt:

- Änderung des Emissionsspektrums beim Verbrennen des Prüfgases
- elektrochemische Änderung von Prüfmedien mit kapazitiver oder ohmscher Signalentnahme oder Farbänderung von Prüfmedien.

Alle Systeme stehen vor dem Problem bei höchster Empfindlichkeit und schneller Ansprechzeit

- eine hinreichende Langzeitstabilität,
- eine geringe Kreuzempfindlichkeit
- und eine hohe Störsicherheit

bereitzustellen. Beim Überschreiten gesetzlich definierter Auslöseschwellen im TRG-Bereich müssen die Protokolle dieser Detektoren 30 Jahre aufbewahrt werden.

7.3
Arbeitschutz

Beim Umgang mit Gefahrstoffen und gefährdenden Einrichtungen sind Maßnahmen zu treffen, durch die eine schädigende Wirkung auf

- Sinnesorgane (Augen, Nase, Haut)
- Atmung
- Körper

vermieden bzw. unterdrückt wird. Für die Halbleitertechnologie typisch sind die Bereiche

- Schutzkleidung
- Laserstrahlungsschutz

7 Umweltschutz und Arbeitssicherheit

- Schutz vor ionisierender Strahlung
- abgesaugte Arbeitsbereiche und personenbezogener Atemschutz

Für eine Fülle von Gefahrentypen sind vom Hauptverband der gewerblichen Berufsgenossenschaft Unfallverhütungsvorschriften erstellt worden, die Gegenstand der Gefahrstoffverordnung sind (vgl. Abb. 7.1).

Laserstrahlung

Die Unfallverhütungsvorschrift Laserstrahlung VBG 93 (s. Literaturverzeichnis) unterteilt die Laser in die Schutzklassen 1-4. Ab der Schutzklasse 3B ist die Strahlung für das menschliche Auge gefährlich und es sind neben der Kennzeichnung weitere Schutzmaßnahmen wie Abgrenzung und Augenschutz erforderlich. In Tabelle 7.1 ist ein Auszug aus den Durchführungsanweisungen zur VBG 93 wiedergegeben, in denen die Grenzwerte aufgeführt sind.

Tabelle 7.1. Auszug aus der Unfallverhütungsvorschrift Laserstrahlen VBG 93 über zulässige Grenzwerte der Exposition des menschlichen Auges in Bezug auf Bestrahlungszeit und Bestrahlungsstärke

Wellenlängenbereich in nm	Bestrahlungszeit in s	E in W/m^2 max.	Bestrahlungszeit in s	H in J/m^2 max.	Bestrahlungszeit in s	E in W/m^2 max.
200 bis 620	$< 10^{-9}$	$5 \cdot 10^6$	10^{-9} bis 0,5	0,005	$> 0,5$	0,01
über 620 bis 1050	$< 10^{-9}$	$5 \cdot 10^6$	10^{-9} bis 0,05	0,005	$> 0,05$	0,1
über 1050 bis 1400	$< 10^{-9}$	$5 \cdot 10^7$	10^{-9} bis 0,005	0,05	$> 0,005$	10
über 1400 bis 10^6	$< 10^{-9}$	10^{11}	10^{-9} bis 0,1	100	$> 0,1$	1000

Ionisierende Strahlung

Elektromagnetische Strahlung großer Energie W

$$W = h \cdot \upsilon = h \cdot \frac{c}{\lambda} \tag{7.1}$$

kann im menschlichen Körper chemische Reaktionen auslösen oder verändern. Besonders gefährdet sind Keimzellen, die eine große Population erzeugen (z.B. Blut, Keimdrüsen, etc.) so daß die Störung von wenigen Zellen große Wirkung hat. In der Halbleitertechnologie tritt derartige Strahlung auf, wenn Elektronen hoher Energie

$$W = q \cdot U \tag{7.2}$$

abgebremst werden (Bremsstrahlung). Ist die Energie der Bremsstrahlung

$$5 keV < W < 3 \text{ MeV} \tag{7.3}$$

werden die hierfür erforderlichen Maßnahmen durch die Röntgenverordnung geregelt. Betroffen sind z. B. Elektronenröhrenbildschirme, Elektronenmikroskope, Elektronenstrahlbelichtungsgeräte, Röntgendiffraktometer, Elektronenstrahlverdampfer. Die Einordnung des Gefährdungspotentials erfolgt über die Energiedosis der absorbierten Strahlung:

$$D = \lim_{m \to 0} \frac{\Delta W}{\Delta m} = \frac{dW}{dm} \qquad (7.4)$$

Je nach Energie der Strahlung ist die Wirkung auf den Körper unterschiedlich, so daß eine äquivalente Energiedosis definiert wird

$$H = q \cdot D \qquad (7.5)$$

[Sv: Sievert]
q = 1 für Röntgenstrahlung

Für höher energetische Strahlung nimmt q größere Werte an. In Tabelle 7.2 sind im Auszug Grenzwerte der Körperdosen für beruflich strahlenexponierte Personen angegeben. Da die Empfindlichkeit des Körpers sehr unterschiedlich ist, werden Teilkörperdosen definiert und mit Gewichtungsfaktoren (für Keimdrüsen der höchste Faktor mit 0,25) versehen zur effektiven Dosis aufadddiert. Personen, die mehr als ein Zehntel eines Grenzwertes ausgesetzt sind, gelten als beruflich strahlenexponiert. Zum Vergleich der dort angegebenen Dosen:

Hintergrundstahlung der Erde	0,4 mSv/Jahr
1 h Fernsehen/Tag	0,36 mSv/Jahr
Außenwand des Röntgendiffraktometers	0,2 mSv/Jahr
klinische Erkennungsgrenze für Frühschäden	250 mSv

Tabelle 7.2. Grenzwerte der Körperdosis für beruflich strahlenexponierte Personen im Kalenderjahr. Zur Ermittlung der „Effektiven Dosis" werden die angegebenen Teilkörperdosen mit Gewichtungsfaktoren multipliziert und die erhaltenen Produkte aufaddiert (Auszug aus Röntgenverordnung).

Körperdosis	Kategorie A	Kategorie B
1. Teilkörperdosis: Keimdrüsen, Gebährmutter, rotes Knochenmark	50 mSv	15 mSv
2. Teilkörperdosis: Alle Organe und Gewebe, soweit nicht unter 1.,3. und 4. genannt	150 mSv	45 mSv
3. Teilkörperdosis: Schilddrüse, Knochenoberfläche, Haut, soweit nicht unter 4. genannt	300 mSv	150 mSv
4. Teilkörperdosis: Hände, Unterarme, Füße, Unterschenkel, Knöchel, einschl. der dazugehörigen Haut	500 mSv	150 mSv
Effektive Dosis	50 mSv	15 mSv

Die Röntgenstrahler werden nach Vollschutz- und Hochschutzgeräten unterschieden. Hochschutzgeräte unterliegen der Überwachung durch die Zentralstelle für Sicherheitstechnik, Strahlenschutz und Kerntechnik der Gewerbeaufsicht des jeweiligen Bundeslandes. Beruflich strahlenexponierte Personen unterliegen einer medizinischen Überwachung. Gesetzliche Grundlage des Stahlenschutzes ist die Röntgenverordnung. (s. Literatur).

Atemschutz

Grundsätzlich gilt, daß die Arbeitsplätze so einzurichten sind, daß mit technischen Hilfsmitteln MAK- oder TRK-Werte unterschritten werden. Erst wenn dies aus technischen Gründen nicht möglich ist, wird persönlicher Atemschutz eingesetzt. Für die Wartung und Störfallvorsorge von Anlagen und Medienversorgungen mit toxischen und/oder ätzenden Gasen ist jedoch der Atemschutz unabdingbar. Rechtliche Grundlage für den Atemschutz ist das Atemschutz-Merkblatt (s. Literatur).

Es gibt zunächst Atemschutzfiltergeräte die nach Aufnahmevermögen und Gasetyp unterschieden werden (vgl. Tabelle 7.3). Bei unbekannten oder hochtoxischen Gasen werden umluftunabhängige Preßluftatmer eingesetzt; die in der Umgebung von ätzenden Gasen durch einen Vollschutzanzug ergänzt werden können. Das Tragen von Atemschutzgeräten unterliegt arbeitsmedizinischer Kontrolle.

Tabelle 7.3. Allgemeine Gasfiltertypen (**A-K**) und Spezial-Gasfiltertypen (Auszug aus dem Atemschutzblatt)

Gasfiltertyp	Kennfarbe	Hauptanwendungsbereich
A	braun	Organische Gase und Dämpfe, z.B. von Lösungsmitteln
B	grau	Anorganische Gase und Dämpfe, z.B. Chlor, Hydrogensulfid (bisher Schwefelwasserstoff), Hydrogencyanid (bisher Cyanwasserstoff, Blausäure)
E	gelb	Schwefeldioxid, Hydrogenchlorid (bisher Chlorwasserstoff)
K	grün	Ammoniak
CO	schwarz	Kohlenstoffmonoxid
Hg	rot	Quecksilber (Dampf)
NO	blau	Nitrose Gase einschl. Stickstoffmonoxid
Reaktor	orange	Radioaktives Iod einschl. radioaktivem Iodmethan

7.4 Emissionsschutz

Bei der Herstellung und Bearbeitung von Halbleitermaterialien entstehen prozeßbedingte Abgase, die abgeführt werden. Beispiele hierfür sind nicht verwendete gasförmige Quellenmaterialien in der Epitaxie und gasförmige Reaktionsprodukte bei Ätzprozessen. Wenn die Gase toxische Verbindungen enthalten (vgl. Abschn. 7.2), so müssen diese Verbindungen aus den Abgasen entnommen werden. Sofern für den betreffenden Stoff vom Gewerbeaufsichtsamt des jeweiligen Bundeslandes kein Wert spezifiziert ist, wird als Emissionsgrenzwert 1 % des MAK-Wertes angesetzt. Die Emission ist genehmigungspflichtig.

Zur Absenkung des Gehaltes an toxischem Inhalt von Prozeßabgasen werden Gasewäscher (Scrubber) eingesetzt. Derzeit finden häufigen Einsatz:

- naßchemische Systeme
- trockenchemische, absorbierende Systeme
- Verbrennungseinrichtungen

Naßchemische Systeme arbeiten über saure- und /oder basische Reinigungsstufen. Die toxischen Stoffe werden in Salze überführt und in der Reinigungsflüssigkeit bis zur Sättigkeitsgrenze gelöst. Die Lösung wird nach Verbrauch aufgearbeitet oder eingedickt und endgelagert.

Trockenchemische Systeme führen eine katalytische Adsorption von toxischen Gasen an Granulaten mit großen aktiven Oberflächen durch. Die Umsetzung kann durch Wärmezufuhr verbessert werden, wobei die adsorbierenden Granulate dann nicht so stark stoffspezifisch ausgelegt sein müssen. Die Granulate werden nach Verbrauch aufbereitet oder endgelagert.

Gasförmige Prozesse werden häufig mit Wasserstoff als Trägergas durchgeführt. Dies legt es nahe, die Abgase unter Sauerstoffzugabe in einer Brennkammer umzusetzen. Die Wasserstoffverbrennung stellt dabei sehr hohe Temperaturen bereit, die eine sehr effiziente Umsetzung ermöglichen. Bei diesem Prozeß entstehen Aerosole mit ggf. toxischen Feststoffen und/oder Kondensaten, die vor der Emission gefiltert oder aufgefangen werden müssen.

In bezug auf die Effizienz der Umsetzung und Einsatzbreite zeigen naßchemische Systeme und Verbrenner die besten Werte. Dennoch geht die Tendenz zu den Trockenwäschern, da die Entsorgung der extrahierten Stoffe einfacher ist als bei flüssigen oder gasförmigen Abfallstoffen.

7.5
Versorgung, Lagerung, Entsorgung

Der Umgang mit toxischen Stoffen erfordert neben dem eigentlichen Gebrauch die Zu- und Abfuhr bzw. die Lagerung der Stoffe. Diese Logistik erfordert:

- den Transport von Gefahrstoffen im öffentlichen Verkehr (Gefahrgutverordnung)
- die Lagerung der Stoffe vor und nach dem Gebrauch
- die Entsorgung der Stoffe und ggf. deren Aufbereitung und/oder Wiederverwertung

Der Transport von Gefahrstoffen erfordert hierfür speziell ausgerüstete und genehmigte Fahrzeuge. Einige Stoffe sind vom öffentlichen Straßentransport ausgeschlossen (z.B. Königswasser: HNO_3/HCl-Gemisch). bzw. müssen vom Regierungspräsidenten des jeweiligen Regierungsbezirkes individuell genehmigt werden. Die Lagerung der Stoffe muß feuerpolizeilichen und Grundwasserschutz-Bestimmungen Rechnung tragen.

Die Entsorgung toxischer Stoffe erfordert zunächst, daß die Zwischenlagerung und der Abtransport möglich ist. Als Entsorgungslösungen stehen

- die Hochtemperaturverbrennung
- die Übertagedeponie und
- die Untertagedeponie

zur Verfügung. Die jeweils vorgenommene Lösung richtet sich nach der Toxität. Für höher toxische Stoffe kann die Hochtemperaturverbrennung nur eingesetzt werden, sofern dabei keine toxischen Verbindugnen entstehen (z.B. Arsen nach Arsentrioxid). In allen anderen Fällen werden die Stoffe in die Untertagedeponie endgelagert.

Die Wiederverwendung von toxischen Abfallstoffen ist im Anfangsstadium. Angesichts der rapide steigenden Endlagerungskosten wird jedoch ein zunehmender Kostendruck die Wiederverwendung wirtschaftlich attraktiver werden lassen.

7.6 Literatur

Unfallverhütungsvorschrift Laserstrahlung, VBG 93, Carl Heymanns Verlag, Köln
Röntgenverordnung, Bundesanzeiger Verlagsgesellschaft, Köln, 1989
Atemschutz-Merkblatt ZH1/134, Hauptverband der gewerblichen Berufsgenossenschaften Zentralstelle für Unfallverhütung und Arbeitsmedizin Best.Nr. ZH1/134, Carl Heymanns Verlag KG, Köln 1981
Bundesminister für Arbeit und Soziales, Bekanntmachung vom 8. Nov. 1990, III b4, 35125 -5-, S 35ff, Bundesarbeitsblatt 12/1990

Anhang

Übungsaufgaben	186
Liste der verwendeten Formelzeichen	201
Druck-Umrechnungstabelle	203
Naturkonstanten	204
Stichwortverzeichnis	205

Übungsaufgaben

Aufgabe 1 (zu Kapitel 1)

Gegeben ist der in Abb. A1 dargestellte Schichtaufbau einer $Al_xGa_{1-x}As/GaAs$ Heterostruktur. Es gelte: $x = 0,3$, $W_{g,AlGaAs} = 1,79$ eV, $\chi_{AlGaAs} = 3,74$ eV, $W_{g,GaAs} = 1,42$ eV, $\chi_{GaAs} = 4,07$ eV

1. Welche Bedingungen werden an die Auswahl der Halbleitermaterialien für Heterostrukturen gestellt?
2. Stellen Sie für beide Materialien (AlGaAs und GaAs) den Flachbandfall dar. Tragen Sie die charakteristischen Energiewerte ein.
3. Zeichnen sie qualitativ den Energiebandverlauf der in Abb. A1 dargestellten Struktur. Tragen Sie die entsprechenden Energiewerte ein.
4. Bestimmen Sie den Sprung im Leitungsband (ΔW_L) sowie den Sprung im Valenzband (ΔW_V). Welche Voraussetzungen sind für diese Bestimmung notwendig? Ist eine quantitative Bestimmung von ΔW_L oder ΔW_V nach dem Anderson-Modell sinnvoll? Berechnen Sie dazu ΔW_L mit den angegebenen Werten für einen Al-Gehalt von 30 % und diskutieren Sie das Ergebnis.
5. Nennen Sie - am Beispiel eines Feldeffekt-Transistors - die Vorteile einer solchen Struktur im Vergleich zu einer homogenen Halbleiterstruktur.

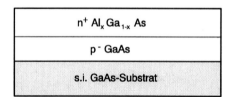

Abb. A1. Schichtaufbau einer $Al_xGa_{1-x}As/GaAs$ Heterostruktur

Aufgabe 2 (zu Kapitel 1)

1. Zur Herstellung von Photodetektoren soll $In_xGa_{1-x}As$ auf InP epitaktisch abgeschieden werden. Welcher Ga-Gehalt x muß für gitterangepaßtes Wachstum auf InP eingestellt werden? Hinweis: $a_{0,InP} = 0,5863$ nm, $a_{0,GaAs} = 0,5642$ nm, $a_{0,InAs} = 0,6058$ nm

2. Zur Herstellung einer pseudomorphen Heterostruktur soll $In_xGa_{1-x}As$ auf GaAs einkristallin abgeschieden werden. Wie groß darf der In-Gehalt maximal werden, wenn eine Gitterfehlanpassung von $\Delta a/a_0 = 8 \cdot 10^{-3}$ zugelassen wird?

Aufgabe 3 (zu Kapitel 1)

Für eine Laserstruktur soll der Schichtaufbau aus Abb. A2 realisiert werden. Die benötigte Wellenlänge des Laserlichtes betrage 1,0 μm.

1. Bestimmen Sie aus Abb. 1.5 eine Beziehung für den Bandabstand Wg in Abhängigkeit vom In-Gehalt.
2. Bestimmen Sie den In-Gehalt x der einzubauenden $In_xGa_{1-x}As$ Schicht der für die benötigte Wellenlänge notwendig ist (Band-Band-Übergänge).
3. Wie groß ist die Gitterfehlanpassung zwischen der $In_xGa_{1-x}As$ und der GaAs-Schicht?
4. Wie groß ist die maximal mögliche Dicke d der $In_xGa_{1-x}As$-Schicht nach dem Energiegleichgewicht und nach dem Kräftegleichgewicht? Benutzen Sie zur Bestimmung die Abb. 1.10.
5. Ließe sich mit diesem Materialsystem ein Laser realisieren der bei einer Wellenlänge von 1,55 μm arbeitet?

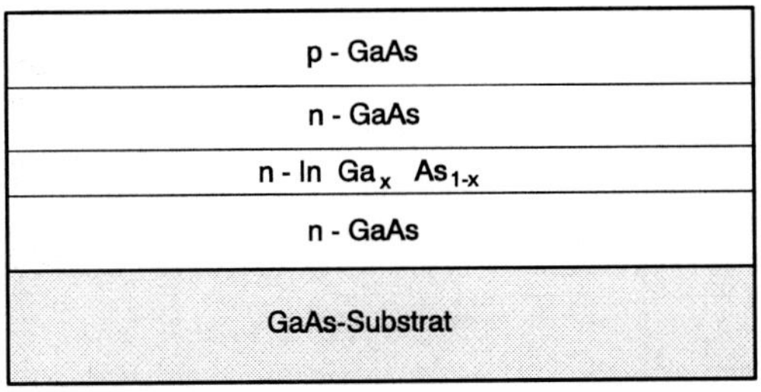

p - GaAs
n - GaAs
n - $In\,Ga_x\,As_{1-x}$
n - GaAs
GaAs-Substrat

Abb. A2. Schichtstruktur für Laser

Aufgabe 4 (zu Kapitel 2)

Es soll ein GaAs Substrat mit Hilfe des Bridgman-Verfahren in einer abgeschmolzenen Quarzampulle hergestellt werden.

1. GaAs wird zunächst polykristallin in einem anderen Verfahren hergestellt und dann als Ausgangsmaterial dem Bridgman-Verfahren zugegeben. Es wird von einer Ga-Schmelzmenge von 1000 g ausgegangen. Welche Menge Arsen muß zugegeben werden, um eine stöchiometrische Schmelze zu erhalten? Atomgewichte: $m_{u,Ga} = 69{,}72\,u$; $m_{u,As} = 74{,}92\,u$

2. Zum Aufbau der Dampfatmosphäre (As₄) in der Ampulle von 2 l Volumen wird zusätzliches Arsen benötigt. Welche Menge Arsen muß eingewogen werden, um einen Arsen-Dampfdruck einzustellen, der 10 % über dem Gleichgewichtsdampfdruck am Schmelzpunkt von GaAs liegt? Hinweise: $T_{Ampulle}$ = 1150 K, $p_{Gl.}$ = 0,89·10 N/m²
3. Eine Schmelze mit der unter 1. berechneten Einwaagemenge wird benutzt um ein n-dotiertes GaAs-Substrat herzustellen. Welche Menge Si muß zugegeben werden, um eine Dotierung von N_D =3·10¹⁷ cm⁻³ zu erreichen? Atomdichte GaAs: 4,4·10²² cm⁻³, spezifisches Gewicht ρ_{GaAs} = 5,32 g·cm⁻³, Atomgewicht Si: 28,09 u, ρ_{Si} = 2,33 g·cm⁻³.
4. Wie groß ist die Leitfähigkeit für dieses Substrat? N_D = n, N_A = 0, $\mu_{n,GaAs}$ = 3000 cm² (V·s)
5. Semiisolierende Substrate sollen eine möglichst kleine Leitfähigkeit besitzen. Ist durch die Zugabe von Kohlenstoff (p-Dotierung) eine Veringerung der Leitfähigkeit zu erreichen? Begründen Sie Ihre Antwort. Hinweis: n_{iGaAs} = 2,3 10⁶ cm⁻³.

Aufgabe 5 (zu Abschnitt 3.1)

Eine GaAs Scheibe soll mittels Ionenimplantation dotiert werden.

1. Welche Dimension hat die Oberflächendosis G_0?
2. Wie groß muß G_0 eingestellt werden, wenn die maximale Dotierung $N_{D,max}$ = 5·10¹⁷ cm⁻³ betragen soll (W = 50 KeV)?
3. Wie groß ist N(z = 0)?
4. Wie groß ist der Schichtwiderstand R wenn für die Schichtkonzentration und die Beweglichkeit folgendes angegeben wird:

$$n_s = \Delta R_p \cdot N_{D,max}, \quad \mu_n = 3.000 \frac{cm^2}{V \cdot s}$$

Aufgabe 6 (zu Abschnitt 3.2)

Für das Wachstum von III/V Halbleitern kann eine MBE-Anlage verwendet werden.

1. Skizzieren Sie die wesentlichen Teile einer solchen Anlage und erläutern Sie kurz deren Funktion. Wodurch kann der Wachstumsprozeß gesteuert werden? Ein wesentlicher Parameter in einer MBE-Anlage ist die Größe des Restgasdruckes in der Anlage.
2. Erläutern Sie dazu die Begriffe Totaldruck und Partialdruck.
3. Der Restgasdruck liegt in realen Anlagen bei 5·10⁻¹¹ mbar. Bestimmen Sie die Anzahl der Gasteilchen, die diesem Druck entsprechen. Wieviel Teilchen bewegen sich auf auf die Probenoberfläche zu? Warum muß die Anzahl dieser

Teilchen möglichst gering sein? T = 300 K, k = 1,38·10⁻²³ N·m/K, Umrechnungsfaktor: 1 mbar = 100 N/m²

Aufgabe 7 (zu Abschnitt 3.2)

Zur Bestimmung der Wachstumsrate wird in Molekularstrahlepitaxieanlagen (MBE) die zeitliche Schwankung der Intensität eines gebeugten Elektronenstrahls (RHEED) ausgewertet. Dabei wird vorausgesetzt, daß die periodische Folge des erhaltenen Signals genau mit dem Wachstum einzelner Monolagen übereinstimmt. In der Abb. A3 ist ein derartiges Intensitätssignal während des Wachstums von GaAs dargestellt.

1. Bestimmen Sie mit Hilfe der Abb. A3 die Wachstumsrate für GaAs in µm/h. Wie kann der auftretende Ablesefehler gering gehalten werden? Hinweis: $a_{0,GaAs}$ = 0,5642 nm.

Zur Verbesserung der Homogenität kann der Wafer während des Wachstums kontinuierlich gedreht werden. Für das Wachstum von sehr dünnen Schichten (1 ... 10 nm) ist es daher erforderlich die Rotationsgeschwindigkeit der Wachstumsrate anzupassen.

2.) Welche Rotationsgeschwindigkeit (in Umdrehungen/min) muß gewählt werden, um für die Wachstumsrate aus 1.) eine gleichmäßige Bedeckung des Wafers innerhalb von 4 Monolagen GaAs zu gewährleisten?

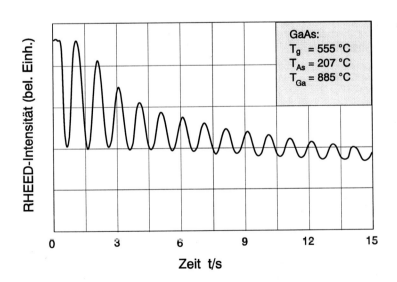

Abb. A3. Oszillation der Intensität des Haupt-RHEED-Spots während des Wachstums von GaAs in der MBE

Aufgabe 8 (zu Abschnitt 3.2)

Mit Hilfe einer MBE Anlage soll eine δ-dotierte GaAs-Schicht hergestellt werden. Die Dotierung soll $N_D = 3 \cdot 10^{17}$ cm^{-3} betragen. Wachstumsrate $g_r = 1$ μm/h.

1. Was versteht man unter dem Begriff δ-Dotierung?
2. Zur Einstellung der Dotierung wird Silizium verwendet. Auf welche Gitterplätze muß das Silizium eingebaut werden, um eine n-Dotierung zu erhalten? Durch Variation welcher Parameter könnte theoretisch eine p-Dotierung erreicht werden?
3. Wie groß ist die Si-Teilchenstromdichte für eine homogene Dotierung?
4. Wenn Sie für die δ-Dotierung von der gleichen Si-Teilchenstromdichte ausgehen, wie lange muß für die geforderte Dotierung die Siliziumblende geöffnet werden?
5. Bestimmen Sie aus Abb. A4 die nötige Quellentemperatur der Siliziumquelle.
6. Zeichnen Sie ein Ablaufdiagramm für die Blenden der As-, Ga-, und Siliziumquelle.

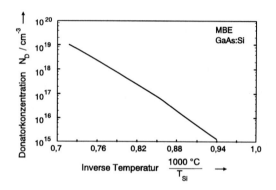

Abb. A4. Abhängigkeit der Dotierung in einer GaAs-Schicht von der Silizium Quellentemperatur

Aufgabe 9 (zu Abschnitt 3.2)

Bei einer MBE Anlage wird das aufzuwachsende Material aus Effusionszellen verdampft.

1. Beschreiben Sie den Aufbau der auch als Knudsenzellen bezeichneten Effusionszellen.
2. Wie lautet die Knudsenbedingung? Überprüfen Sie diese für eine Ga-Effusionszelle.

Hinweise: $m_{Ga} = 1{,}1 \cdot 10^{-25}$ kg, $r_{Ga} = 122 \cdot 10^{-12}$ m, $p_{Ga} = 0{,}01$ Pa, T = 1173 K

mittlere freie Weglänge $\quad mfl = \dfrac{k \cdot T}{\sqrt{2} \cdot \pi \cdot (2 \cdot r)^2 \cdot p}$

1. Bestimmen Sie für eine Ga-Knudsenzelle die Ga-Flußdichte Q unter der Annahme, daß die Knudsen-Bedingung erfüllt ist: Fläche der Blendenöffnung A = 12 cm, Abstand Zelle-Substrat l = 12 cm, Winkel Zelle-Substrat $\cos\theta = 1$.
2. Bestimmen Sie mit dem Ergebnis aus 3. die Wachstumsrate für GaAs.
3. As-Effusionszellen besitzen eine Restverunreinigung von Schwefel die bei 5 ppb liegt. Bestimmen Sie die Hintergrundverunreinigung durch Schwefel in einer GaAs Schicht unter folgenden Annahmen:

Partialdruckverhätlnis: $\dfrac{p_S}{p_{As}} = \dfrac{Q_S}{Q_{As}}$,

Verhältnis der Haftkoeffizienten: $\dfrac{s_S}{s_{As}} = 1$,

Daten: $m_{As} = 1{,}244 \cdot 10^{-25}$ kg, $m_S = 0{,}533 \cdot 10^{-25}$ kg, $T_{As} = T_S = 523$ K

Aufgabe 10 (zu Abschnitt 3.2)

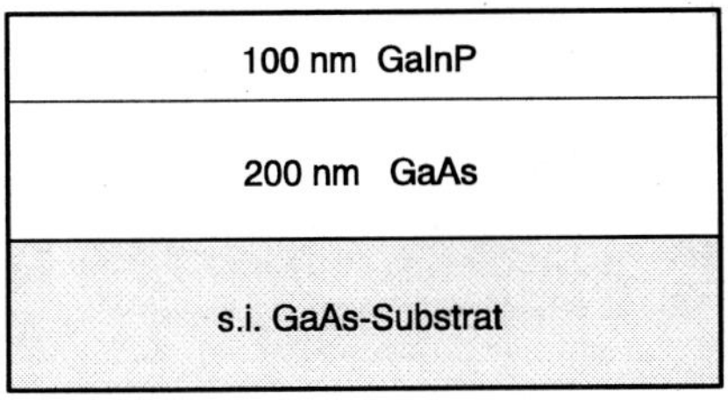

100 nm GaInP
200 nm GaAs
s.i. GaAs-Substrat

Abb. A5. Schichtaufbau der zu wachsenden Schicht.

Mit Hilfe einer MOVPE-Anlage soll die in Abb. A5 dargestellte Schichtstruktur hergestellt werden. Aus dem MOVPE-Wachstum von GaAs sind folgende Daten bekannt: $Q_{Q,TMGa} = 5{,}5$ ml/min, $Q_{AsH3} = 63$ ml/min, $p_{Sätt.,TMGa} = 52{,}97$ mbar, $p_{Q,TMGa} = 1000$ mbar.

1. Bestimmen Sie aus Abb. 1.8 den Ga-Gehalt für eine auf GaAs gitterangepaßte GaInP-Schicht.
2. Bestimmen Sie das V/III-Verhältnis aus den oben angegebenen Daten für eine GaAs-Schicht.

3. Welche Bedeutung besitzt das V/III-Verhältnis für das Wachstum?
4. Für die TMI-Quelle werden folgende Startwerte eingestellt:
   pQ,TMIn = 200 mbar,   pSätt.,TMGa = 1,81 mbar,   QPH3 = 266 ml/min.
   Welcher H_2-Fluß durch die TMIn-Quelle muß eingestellt werden, um eine gitterangepaßte GaInP-Schicht zu bekommen? Gehen Sie davon aus, daß In mit der gleichen Wahrscheinlichkeit eingebaut wird wie Ga. Welches V/III-Verhältnis stellt sich damit ein?

Aufgabe 11 (zu Kapitel 4)

Gegeben ist das Lumineszenzspektrum (Abb. A6) einer Halbleiterprobe aus wechselnden Schichtfolgen der Materialien $Al_{0,26}Ga_{0,74}As$ und GaAs.

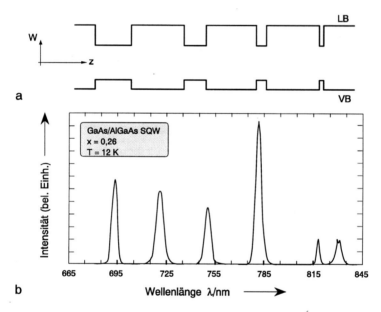

Abb. A6. Schematischer Energiebandverlauf (**a**) der $Al_{0,26}Ga_{0,74}As$/GaAs Heterostruktur mit unterschiedlich dicken Quantentöpfen und Photolumineszenzspektrum (**b**)

1. In Abb. A6 ist der zum „bulk"- $Al_{0,26}Ga_{0,74}As$ gehörige Peak nicht eingetragen. Bitte berechnen Sie die Wellenlänge und tragen Sie den Peak qualitativ ein.
2. Die Materialien GaAs und AlGaAs sind hinsichtlich ihrer Lage im Bandverlauf (Abb. A7) eindeutig zu kennzeichnen.
3. Um das Spektrum aus Abb. A6 zu ermitteln wurde die Probe mit einem Laser angeregt. Zur Anregung standen zwei Laser unterschiedlicher Wellenlänge zur

Verfügung. Beim ersten Laser lag die Emissionswellenlänge bei 500 nm und beim zweiten Laser bei 900 nm. Welcher Laser wurde genommen?
4. Die Breite der Potentialtöpfe ist mit Hilfe der Lichtmikroskopie und der Rasterelektronenmikroskopie nicht mehr zu bestimmen, da die Schichtdicken zu gering sind (Topfbreiten a = 1, 2, 4, 8 nm). Eine Möglichkeit die Schichtdicken zu bestimmen ergibt sich durch die Auswertung der obigen Lumineszenzmessung. Schildern Sie den Lösungsweg. Hinweis: $W_{g,AlGaAs}(x) = 1{,}519\,eV + 1{,}247\,x\,eV$

Aufgabe 12 (zu Kapitel 4)

Die Röntgendiffraktometrie stellt eine in der Halbleitertechnik wesentliche Untersuchungsmethode dar.

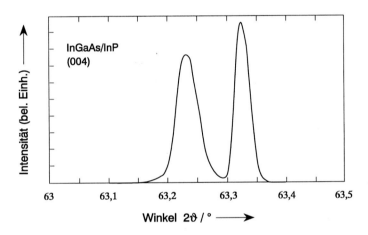

Abb. A7. 2ϑ-Röntgendiffraktometermessung des (004) Reflexes einer InGaAs-Schicht auf InP-Substrat

1. Welche Informationen über das Halbleitermaterial können mit Hilfe dieser Meßmethode gewonnen werden?
2. Welche Anforderungen werden an den einfallenden Röntgenstrahl gestellt? Stellen Sie dazu den prinzipiellen Strahlengang für ein kubisches Gitter in (100)Richtung dar und leiten Sie daraus das Braggsche Gesetz ab.
3. Wie wird die in 2.) geforderte Bedingung für den Röntgenstrahl realisiert? Stellen die dazu den Meßaubau grafisch dar.
4. Zur Bestimmung der Gitterfehlanpassung erfolgt die Messung in der (400) Richtung des Kristalles. Bestimmen Sie dazu die Weglänge im Kristall für

diese Richtung zwischen zwei Netzebenen und ermitteln den zu erwartenden Winkel für den Substratpeak eines InP Substrates.

5. Abb. A7 zeigt das Meßergebnis einer X-Ray Messung an einer InGaAs/InP Halbleiterstruktur. Ordnen Sie den einzelnen Peaks das Halbleitermaterial zu und bestimmen Sie die Gitterfehlanpassung für dieses System. Wie groß ist der In-Gehalt der InGaAs Schicht?
Hinweis: $a_{0,InP} = 0{,}5863$ nm, $a_{0,GaAs} = 0{,}5642$ nm, $a_{0,InAs} = 0{,}6058$ nm, CuKα-Strahlung: $\lambda = 0.154$ nm.

Aufgabe 13 (zu Kapitel 5)

Mit Hilfe einer PE CVD Anlage mit ECR-Anregung soll eine Isolatorschicht bestehend aus Si_yN_x abgeschieden werden. Diese Isolatorschicht wird für ein M(etall) I(solator) M(etall) Struktur benötigt, die eine Kapazität darstellt.
Folgende Werte sollen realisiert werden:

$C = 20$ pF
$\tan \delta = 1 \cdot 10^{-3}$, $f = 1$ kHz
$A = 100 \cdot 100$ μm^2
$\varepsilon_r = 6$
$p = 30$ mTorr
$T = 300$ K

1. Skizzieren Sie den Aufbau der Verwendeten CVD Anlage und beschreiben Sie kurz die Funktionsweise der einzelnen Komponenten.
2. Bestimmen Sie die erforderliche Dicke der Isolatorschicht.
3. Die Erzeugung des Plasmas erfolgt über die Einkopplung eines hochfrequenten Wechselfeldes der Frequenz $f = 0.3899$ GHz. Bestimmen Sie die Größe des einzustellenden Magnetfeldes so, daß die ECR Bedingung erfüllt ist.
4. Bestimmen Sie für den Fall unter 4.) die an das Plasma zusätzlich abgegebene Energie. Welche Vorteile lassen sich daraus ableiten?
5. Der Kondensator soll bei einer Spannung von $U_C = 5$ V betrieben werden. Bestimmen Sie die erforderlicher Durchbruchfeldstärke.

Aufgabe 14 (zu Abschnitt 6.1)

Zur Strukturierung fotoempfindlicher Schichten auf Halbleitermaterialien wird die optische Lithographie eingesetzt. Es erfolgt dabei eine Übertragung einer hell-dunkel Information einer Maske (auch Retikel) auf die lichtempfindliche Schicht. Drei unterschiedliche Methoden zur Abbildung der Masken sind bekannt: a) Kontaktkopie, b) proximity-Belichtung, c) Projektionsbelichtung. Welche Vorteile und Nachteile ergeben sich für die unterschiedlichen Methoden?

Für die Belichtung von Strukturen deren minimale Abmessungen 1 µm betragen soll wird eine Projektionsbelichtungsanlage eingesetzt. Der Anlagen- und prozeßbedingte Korrekturfaktor betrage k = 0,6. Als Beleuchtungsquelle wird eine Hg-Lampe eingesetzt, die Licht der Wellenlänge λ = 365 nm liefert. In der Projektionsbelichtungsanlage befinde sich eine Linse mit einem Durchmesser von d = 10 cm und einer Brennweite von f = 40 cm.

1. Bestimmen Sie die Auflösung dieser Anordnung.
2. Welche Brennweite müßte die Linse haben um die geforderte Auflösung zu erreichen?
3. Wie dick darf höchstens die fotoempfindliche Schicht sein, um mit der unter 2. berechneten Linse eine genaue Strukturierung zu erreichen?

Aufgabe 15 (zu Abschnitt 6.1)

Eine GaAs-Halbleiteroberfläche soll zur Herstellung von Bauelementen strukturiert werden. Dazu wird ein 1 µm dicker Fotolack auf die Oberfläche aufgebracht und durch eine Maske hindurch (optische Kontaktlithographie) belichtet.

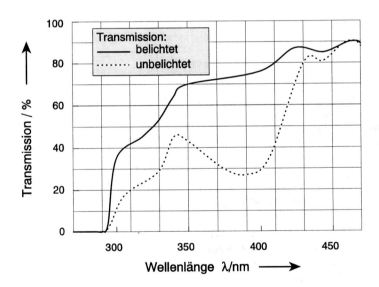

Abb. A8. UV Transmission für AZ5214 Fotolack.

1. Skizzieren Sie den prinzipiellen Ablauf der Strukturierung mittels Fotolack.
2. Welche Anforderungen werden an die Eigenschaften des Fotolackes gestellt?
3. Stellen Sie kurz den schematischen Aufbau des Belichtungsgerätes dar.

4. Als Fotolack soll ein handelsüblicher Lack (AZ5214) verwendet werden. Bestimmen Sie aus Abb. A8 die notwendige Wellenlänge zur Belichtung des Fotolackes.
5. Durch Unebenheiten und Staubteilchen auf der Probe kann sich ein Spalt zwischen Probe und Maske einstellen. Wie groß darf dieser Spalt maximal werden, um 1 µm breite Linien von der Maske in den Fotolack zu übertragen?

Aufgabe 16 (zu Abschnitt 6.1)

Um zu Strukturen im nm-Bereich zu kommen, wird die Elektronenstrahlbelichtung eingesetzt. Während bei der Projektionsbelichtung oder der Kontaktlithographie komplette Testzellen bzw. ganze Wafer belichtet werden können, muß bei der Elektronenstrahlbelichtung jede Struktur einzeln belichtet werden.

1. Welche Beschleunigungsspannung ist notwendig, damit die ausgestrahlten Elektronen eine Wellenlänge von 0,01 nm besitzen?
2. Die Empfindlichkeit eines entsprechenden Fotolackes betrage 600 µC/cm². Der Elektronenstrahl habe eine Fläche von 25 nm² und ein Probenstrom von 10 pA. Zur Vereinfachung wird von einem rechteckigen Strahlprofil ausgegangen. Wie lange ist die Belichtungszeit pro Punkt?
3. Auf einer Halbleiterprobe befinden sich 1000 Transistoren mit Gatefäden der Größe 1 µm - 10 µm. Wie lange dauert es die Probe direkt zu belichten?
4. Wie oft muß der Elektronenstrahl die Struktur „abfahren", wenn die Steuerung des Elektronenstrahls (Pixelfrequenz) mit 1 MHz erfolgt? (Verweilzeit des Elektronenstrahls auf einem Punkt = 1/Pixelfrequenz)

Aufgabe 17 (zu Abschnitt 6.1)

In der Halbleitertechnologie werden bei der Strukturierung von Halbleiteroberflächen Fotolacke eingesetzt.

1. Nennen Sie die drei wesentlichen Bestandteile eines Fotolackes und deren jeweilige Funktion.
2. Die Fotolacktechnik wird häufig auch mit der Fotographie verglichen. Was ist der wesentliche Unterschied zwischen beiden Verfahren?
3. Durch die Transparenz der Fotolacke für das verwendete Licht wird eine Reflektion des Lichtes an der Halbleiteroberfläche auftreten. Das einfallende Licht kann durch folgende Gleichung beschrieben werden:

    $I(x) = I_0 \sin(\omega t - k \cdot x + \Phi)$ mit $k = 2\Pi \cdot n/\lambda$

4. Der Fotolack habe die Dicke d, an der Halbleiteroberfläche trete Totalreflektion auf und der Brechungsindex n sei für den Fotolack und die Halb-

leiterschicht gleich. Bestimmen Sie die Summe aus einfallendem und reflektiertem Licht. Was ergibt sich daraus für die Belichtung des Fotolackes?

Aufgabe 18 (zu Abschnitt 6.1)

Ein Fotolack der Dicke $d = 1\,\mu m$ soll durch eine Maske hindurch, unter Verwendung des proximity Verfahrens, belichtet werden. Der Abstand zwischen Maske und Probe betrage 2 µm. Der Fotolack soll so belichtet werden, daß der Kontrast 3 µm aufweist. Aus den Daten des Fotolackherstellers ergibt sich eine benötigte Energiedichte von 30 mJ/cm². Die Lampe, die zur Belichtung eingesetzt wird, liefert eine Leistung von 6mW/cm² und Licht einer Wellenlänge von 365 nm.

1. Nach welcher Belichtungszeit beginnt die Umwandlung der fotoempfindlichen Schicht des Fotolackes?

An der Kante der Maske tritt eine Fresnel-Beugung auf. Abb. A9 zeigt den Abfall der Lichtintensität von der Kante aus gesehen.

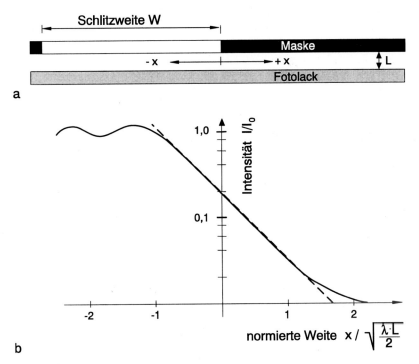

Abb. A9. Fresnel-Beugung an einer Kante.

Durch diese Beugung wird die Abbildung der Struktur im Fotolack größer als auf der Maske. Der interessante Bereich (gestrichelte Linie) kann durch folgende Gleichung beschrieben werden:

$$I = k \cdot I_0 \exp\left(-m \cdot x \cdot \sqrt{\frac{2}{\lambda \cdot L}}\right)$$

2. Es sei k = 0,3 und m = 1,3. Um wieviel μm - im Vergleich zur Strukturgröße in der Maske - wird sich die Struktur im Fotolack vergrößern?

Aufgabe 19 (zu Abschnitt 6.2)

Abbildung A10 zeigt den Schichtaufbau einer GaAs-Halbleiterprobe, wie er für MESFET Anwendungen hergestellt wird. Es gelte für das Oberflächenpotential $\Phi_B \approx U_D = -0.7$ V und für die DK des GaAs $\varepsilon_r = 13{,}18$.

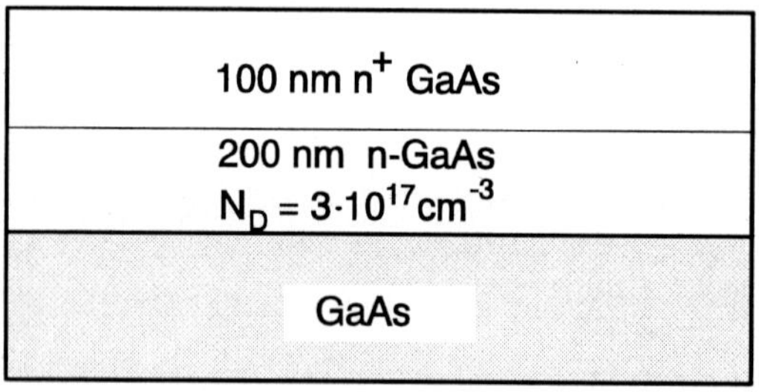

```
| 100 nm n⁺ GaAs                       |
| 200 nm n-GaAs                        |
| N_D = 3·10¹⁷ cm⁻³                    |
| GaAs                                 |
```

Abb. A10. Schichtaufbau einer MESFET Schicht.

Auf dieser Schicht wurde in der Technologie ein Transistor hergestellt. Abb. A11a zeigt das Ausgangskennlinienfeld des Transistors. In Abb. A11b ist die Übertragungskennlinie des Transistors zu sehen.

1. Bestimmen Sie aus Abb. A11b die Schwellenspannung des Transistors.
2. Zeichnen Sie den idealen Bandverlauf des Schottkykontaktes für den Fall $U_{GS} = U_T$.
3. Das Gate wurde in der n-GaAs Schicht plaziert. Dazu wurde die darüber befindliche GaAs-Schicht mit einem naßchemischen Verfahren abgeätzt. Bestimmen Sie die Dicke der verbleibenden Halbleiterschicht durch lösen der Poissongleichung.
4. Die verwendete Ätze besitzt eine Ätzrate r = 3 nm/s. Bestimmen Sie die Schwellenspannungsinhomogenität, wenn durch einen ungleichmäßigen Ätzangriff eine Ätzzeitvariation (Δt) über der Probe von 1 s auftritt.

5. Welche Möglichkeit ist Ihnen bekannt eine bessere Homogenität der Schwellenspannung zu erreichen. Welche Homogenität ergibt sich damit, wenn die Ätzrate in AlGaAs r = 0,1 nm/s beträgt bei der gleichen Variation $\Delta t = 1s$?

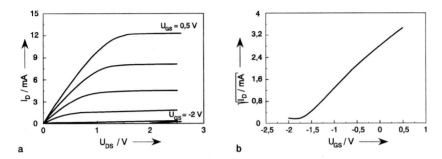

Abb. A11. Ausgangskennlinienfeld (**a**) und Übertragungskennlinie (**b**) des hergestellten Transistors.

Aufgabe 20 (zu Abschnitt 6.3)

Gegeben sei eine n-leitende InAlAs/InGaAs Heterostruktur auf deren Oberfläche 5 ohmsche Kontakte in verschiedenen Abständen L_i angeordnet sind. Abb. A12 veranschaulicht die Kontaktanordnung.

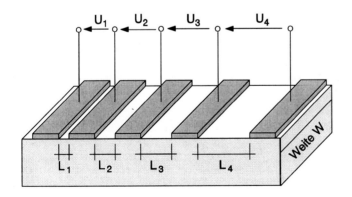

Abb. A12. Kontaktanordnung zur Bestimmung des Kontakt- und Schichtwiderstandes einer Halbleiterprobe.

Es wird zwischen zwei benachbarten Kontakten ein Strom $I_{mess} = 500\,\mu A$ eingeprägt. Dabei werden die in Tabelle A1 angegebenen Spannungen gemessen. Bestimmen Sie aus einer geeigneten grafischen Darstellung der Kontaktwiderstand R_K der Ohmschen Kontakte und den Schichtwiderstand R_{SH} der Halbleiterprobe.

Tabelle A1: Meßdaten mittels der Vierpunkt-Meßmethode zur Kontaktanordnung gemäß Abb. A12 mit einem eingeprägten Strom von jeweils 500 µA. Die Weite der Kontakte beträgt W = 100 µm:

i	W/µm	L_i/µm	I/µA	$U_{gem,i}$/mV
1	100	5	500	13,61
2	100	15	500	28,18
3	100	30	500	51,65
4	100	60	500	96,43

Liste der verwendeten Formelzeichen

A	Fläche [m²]	n_i	intrinsische Konzentration [cm⁻³]
a_0	Gitterkonstante [nm]		
A_{III}	Atom aus der III. Hauptgruppe	n_s	Schichtkonzentration [cm⁻²]
		N_0	Oberflächenkonzentration [cm⁻³]
B	magnetische Induktion [Vs·m⁻²]	N_A	Akzeptorkonzentration [cm⁻³]
B_V	Atom aus der V.- Hauptgruppe	N_D	Donatorkonzentration [cm⁻³]
C	Kapazität [As/Vs]	N_L	Zustandsdichte im Leitungsband [cm⁻³]
C_p	spez. Wärmekapazität [J/(kg·K)]	N_V	Zustandsdichte im Valenzband [cm⁻³]
C_S	Elektronenstrahldosis [A·s/m]	NA	Numerische Apertur
d	Dicke [m]	p	Löcherkonzentration [cm⁻³]
D	Diffusionskonstante [cm²/s]	p	Partialdruck [N·cm⁻²]
E	elektrische Feldstärke [V/cm]	P	Leistung [V·A]
f	Frequenz [Hz]	q	Elementarladung [+1,6·10⁻¹⁹ A·s]
G	Schubmodul [eV·cm⁻⁴]		
G_0	Dosis [cm⁻²]	Q	Ladung [A·s]
g_r	Wachstumsrate [µm/h]	Q_s	Ladung pro Flächeneinheit [A·s·cm⁻²]
h	Plancksches Wirkungsquantum [J·s]	Q	Volumenfluß [cm⁻³s⁻¹]
h,k,l	Parameter der Kristallebenen	r	Auflösung [µm]
h_c	kritische Schichtdicke [nm]	$\tilde{r}$	Reflexionsfaktor (komplex)
i	$(-1)^{1/2}$	R	Widerstand [Ω]
I	Strom [A]	R	universelle Gaskonstante [8,314 J·K⁻¹mol⁻¹]
I	Intensität [Photonen cm⁻²s⁻¹]		
J	(Teilchen-)Stromdichte, [A/m²] ([cm⁻²s⁻¹])	R_p	Eindringtiefe (projected range) [µm]
		t	Zeit [s]
k	Wellenzahlvektor [cm⁻¹]	T	absolute Temperatur [K]
k	Boltzmann-Konstante [J·K⁻¹]	T_g	Temperatur des Substrates während des Wachstums [°C]
k	Absorbtionsfaktor (vgl. $\tilde{n}$)		
L	Länge [m]	U	Spannung [V]
m_0	Ruhemasse des Elektrons [9,11·10⁻³¹ kg]	u_{th}	Schwellenspannung [V]
		v	Geschwindigkeit [cm·s⁻¹]
m^*	effektive Masse	V	Energiepotentialhöhe [eV]
m_u	Atommasse [1,611·10⁻²⁷ kg]	V	Volumen [cm³]
n	Elektronenkonzentration [cm⁻³]	w	Energiedichte [eV/cm³]
		W	Energie [eV]
$\tilde{n}$	komplexe Brechzahl ($\tilde{n} = n + ik$)	W_F	Fermi-Energie [eV]
		W_g	Bandlückenenergie [eV]

W_{Vak}	Vakuumniveau [eV]	2ϑ	Winkel zwischen Strahldurchgang und Ausgangsstrahl
X	Molenbruch		
x, y	Mischungsanteile ($Al_xGa_{1-x}As$)		
		ϑ_B	BRAGG-Winkel
x,y,z	Raumkoordinaten	λ	Wellenlänge [nm]
z	Kristallwachstumsrichtung	μ_n	Beweglichkeit der Elektronen [$cm^2/(V \cdot s)$]
α	Absorptionsfaktor [cm^{-1}]	μ_p	Beweglichkeit der Löcher [$cm^2/(V \cdot s)$]
α_T	Ausdehnungskoeffizient [K^{-1}]		
		ν	Poisson-Faktor
χ	Elektronenaffinität [V]	ρ	Dichte [$kg \cdot cm^{-3}$]
δ	Verlustwinkel	ρ_c	spezifischer Widerstand [$\Omega \cdot cm$]
ε_0	elektrische Feldkonstante [$A \cdot s/(V \cdot cm)$]		
		ρ	Raumladung
ε_r	Permittivitätszahl, Dielektrizitätszahl	ρ	Amplitudenreflexionsfaktor
		σ_{th}	thermische Leitfähigkeit [$W/(cm \cdot K)$]
φ	Potential [V]		
Φ, φ	Winkel	τ	Zeitkonstante, Lebensdauer [s]
Φ_B	Potenialbarriere [V]		
Φ	Massenfluß [kg/s]	ω	Kreisfrequenz $2\pi f$ [s^{-1}]
ϑ	Winkel zwischen Strahleinfall und Kristallebene	ω	Einfallswinkel zur Wafer-Oberfläche
		Ψ, Δ	Ellipsometer Winkel
		κ	Leitfähigkeit [$(\Omega \cdot cm)^{-1}$]

Druck-Umrechnungstabelle

	Pa	mbar	Torr	Umrechnungen mWs	atm	psi
1 Pa =	1	0,01	$7,5 \cdot 10^{-3}$	$1,0197 \cdot 10^{-4}$	$9,8692 \cdot 10^{-6}$	$1,45 \cdot 10^{-4}$
1 mbar =	100	1	0,75	$1,0197 \cdot 10^{-2}$	$9,8692 \cdot 10^{-4}$	$1,45 \cdot 10^{-2}$
1 Torr/mmHg =	133,322	1,33322	1	$1,3595 \cdot 10^{-2}$	$1,31579 \cdot 10^{-3}$	$1,93 \cdot 10^{-2}$
1 mWs =	9806,65	98,0665	73,556	1	$9,6784 \cdot 10^{-2}$	1,4223
1 atm =	101,325	1013,25	760	10,3322	1	14,695
1 psi =	6895	68,95	51,717	0,703	$6,805 \cdot 10^{-2}$	1

Erläuterung:
Pa: Pascal $1\ Pa = 1\ N/m^2$
mbar: Bar $1\ Bar = 1000\ mbar$
Torr: Torr $1\ Torr = 1\ mm\ Hg$
mmHg: Millimeter-Quecksilbersäule
mWs: Meter-Wassersäule
atm: Physikalische Atmosphäre
at: Technische Atmosphäre $1\ at = 0{,}96784\ atm$.
psi: Pfund/Quadratzoll (lbf/in²)

Beispiel: 1 Pa = 0,01 mbar

Umrechnung: Wellenlänge/Energie

Wellenlänge/Energie
eines Photons in Luft $W_{ph} \cdot \lambda_{ph} = 1{,}23984\ eV \cdot \mu m$

Wichtige Naturkonstanten

Permittivität	$\varepsilon_o = 5{,}53 \cdot 10^5$ e/(V·cm)
	$\varepsilon_o = 8{,}85 \cdot 10^{-14}$ As/(V·cm)
Induktionskonstante	$\mu_o = 1{,}26 \cdot 10^{-8}$ Vs/(Acm)
Lichtgeschwindigkeit im Vakuum	$c_o = 2{,}9979 \cdot 10^{10}$ cm/s
Ruhemasse des Elektrons	$m_o = 9{,}11 \cdot 10^{-31}$ kg
	$m_o = 5{,}69 \cdot 10^{-16}$ eVs²/cm²
Ruheenergie des Elektrons	$(W_e)_o = 5{,}11 \cdot 10^5$ eV
Ruhemasse des Protons	$m_p = 1{,}67 \cdot 10^{-27}$ kg
Ruheenergie des Protons	$(w_p)_o = 9{,}38 \cdot 10^8$ eV
Protonenmasse / Elektronenmasse	$m_p/m_o = 1836$
Elektrische Elementarladung	$q = 1{,}6 \cdot 10^{-19}$ As
Boltzmann - Konstante	$k = 1{,}38 \cdot 10^{-23}$ Ws/K
	$k = 8{,}62 \cdot 10^{-5}$ eV/K
Planksches Wirkungsquantum	$h = 6{,}626 \cdot 10^{-34}$ Ws²
	$h = 4{,}1375 \cdot 10^{-15}$ eVs
Normvolumen ideales Gas	
T = 0 °C, p = 1,01325 bar	22,41383 m³/kmol

Stichwortverzeichnis

Abhebetechnik 131f, 153
Absorptionsspektroskopie 103f
amorphe Schichten 93ff
Anisotropie 134, 138, 149
Annealing 32
Anoden-Dunkelraum 98
Anodische Oxidation 136
Arbeitssicherheitsdatenblatt 174ff
As_2 51, 65
asymmetrische Reflexion 83
Atemschutz 180
Ausheilen 32

band-gap engineering 8
Bändermodell 3, 12, 69ff, 157
Barrierenhöhe 145, 156ff
BAT-Wert 172f
BK 7- Eichsubstrat 113
Bornitrid (pBN) 19, 22, 36, 50
Braggsches Gesetz 80ff
Brechungsgesetz 107
Brechzahl 94, 107ff
Bridgman 20f
Bubbler 60
Burgers Vektor 16
Burstein-Moss Effekt 77

CAR 36
channeling 32
Cracker-Zelle 51
Czochralski 21f

Dampfdruck 20ff, 33ff, 50
Diamantgitter 5ff
Dielektrikum 93ff, 105f
Diffusion 26ff, 54, 132f
diffusionsbegrenzt 54, 133f
Dimer 54
Dotierung 4
- CBE 65
- Delta-Dotierung 46f
  Diffusion 26ff
- Ionenimplantation 30ff
- MBE 45ff
- MOVPE 54ff

Effusionszelle 36, 49ff

Elektronenaffinität 9ff, 156f
Elektronenstrahlverdampfer 147
Elektronzyklotronresonanz 99
Ellipsometer 99, 107ff
Elliptische Polarisation 107, 111
Entwickler 130
Eutektikum 165
Ewald Kugel 39
Excimerlaser 119
Exziton 69ff

Feldeffekttransistor 115, 128
Fermi-Level-Pinning 158
Ficksches Gesetz 27f
Filament 45, 124
Flat 23
Fotolack 129ff
FTIR 103f

Gatelänge 115f
Gauß-Verteilung 31
Gaußsche Fehlerfunktion 28
Gefahrstoffverordnung 169f
Gesamtstromloser Vorgang 135
Gitterkonstante 6ff
Goldzianid 150

Haftfähigkeit 144
Haftkoeffizient 37, 64f
Heteroübergang 8ff
Homogenität 43f

image reversal 131f
in-situ 64, 99
Ingot 23
Isotropie 134, 149

Kathoden-Dunkelraum 98
Keimling 21
Knudsen Bedingung 49f
Kohlenstoffdotierung 45, 58, 66
Kontaktlithographie 118f
Kontaktwiderstand 161
Kontrast 117ff, 131
Konvektionsbedingung 133, 137
Kristallgitter 5ff
kritische Schichtdicke 14ff

Lackschleuder 130
Lanthan-Hexaborid 125
Laser 72, 111, 119f, 178
LEC 21
Legieren 162
Leitfähigkeit 144f
Lift-off 131f, 153
Liner-Rohr 58
Lithographie 115ff
LSS-Theorie 31
Luftbrücke 153ff

Magetronsputtern 97
Magnetron 99
MAK-Wert 172f
Maske 116ff
Massenflußregler 61
material-engineering 6
Microwave-Downstream 99
Millersche Indize 6f
MIM-Kondensator 105f
Mischkristallhalbleiter 5ff
Molenbruch 55ff
Monochromator 72, 84
Monolage 44lff, 46

Numerische Apertur 118

Oberflächenrekonstruktion 38
Ohmsche Kontakte 159ff
ordering 88ff

Parallelplattenreaktor 98, 137
Partialdruck 20, 37, 50, 54, 96
PE-CVD 97
Photonen 69ff, 117ff
Planksches Strahlungsgesetz 164
Plasma 97ff, 137
PMMA 126
Polarisator 107f
Projektionslithographie 118f
Proximity-Effekt 126
pseudomorph 14
Pyrometer 163

Quantenbrunnen 42f, 78f, 142f
Quecksilberdampflampe 119f

Rapid-Thermal-Annealing (RTA) 162f
Raumladung 157

reaktionsbegrenzt 134
reziprokes Gitter 38
RHEED 37ff
Röntgenstrahlung 83f, 120f, 178f

Schädigung 99, 127, 141
Schärfentiefe 118f
Schichtkonzentration 46
Schichtwiderstand R 105
Schiffchen 146
Schlüsseltechnologie 1
Schottky-Kontakt 196ff
Schwellenspannung 140
selbstinduzierte Gleichspannung 98, 142f
selbstjustierende Technik 152
Selektivität 134, 138ff
SiN_x 93ff
SiO_x 93f
Sputtern 95, 148
Stephan Bolzmann Gesetz 164
Stoffliste 173
Stöchiometrie 94
Submikron 117ff
Substrat 8, 19ff
Suszeptor 58
Synchrontron 121
Szintillationszähler 84

Target 96f
tetragonale Verspannung 85
thermodynamisches Gleichgewicht 35
Totaldruck 54
TRK-Wert 172f
Tunnelwahrscheinlichkeit 160

V/III-Verhältnis 54
Vakuum (HV, UHV) 48f
Vectorscan-Prinzip 125
Vegardsches Gesetz 13, 86
Verlustfaktor tan δ 106
verspannte Schichten 14

Wachstumspause 43, 46
Wachstumsrate 37, 55
Weisberg/Blanc Modell 29
Wiensches Verschiebungsgesetz 164

Zinkblende Gitter 58f
zwei-dimensionales Wachstum 33
Zweidimensionales Elektronengas 128

Druck: Mercedesdruck, Berlin
Verarbeitung: Buchbinderei Lüderitz & Bauer, Berlin